Stefanie Handl / Armin Deutz

Hundefutter

Stefanie Handl / Armin Deutz

Hundefutter

Bedarfsorientiert füttern

Mit Rezeptideen zum Selbermachen

Leopold Stocker Verlag

Graz – Stuttgart

Umschlaggestaltung, Layout und Repro:
Werbeagentur Rypka GmbH, 8143 Dobl/Graz, www.rypka.at

Fotonachweis: Foto Umschlag-Vorderseite: © Gladskikh Tatiana/shutterstock.com

Alle nicht mit einem Autorenvermerk gekennzeichneten Fotos bzw. Zeichnungen stammen von den Autoren.

Bibliografische Information der Deutschen Nationalbibliothek
Die Deutsche Nationalbibliothek verzeichnet diese Publikation in der Deutschen Nationalbibliografie; detaillierte bibliografische Daten sind im Internet unter http://dnb.d-nb.de abrufbar.

Hinweis: Dieses Buch wurde auf chlorfrei gebleichtem Papier gedruckt. Die zum Schutz vor Verschmutzung verwendete Einschweißfolie ist aus Polyethylen chlor- und schwefelfrei hergestellt. Diese umweltfreundliche Folie verhält sich grundwasserneutral, ist voll recyclingfähig und verbrennt in Müllverbrennungsanlagen völlig ungiftig.

Auf Wunsch senden wir Ihnen gerne kostenlos unser Verlagsverzeichnis zu:
Leopold Stocker Verlag GmbH
Hofgasse 5/Postfach 438
A-8011 Graz
Tel.: +43 (0)316/82 16 36
Fax: +43 (0)316/83 56 12
E-Mail: stocker-verlag@stocker-verlag.com
www.stocker-verlag.com

ISBN 978-3-7020-2037-8

INHALT

VORWORT

Eine ausgewogene und den Bedürfnissen des Hundes entsprechende Ernährung ist die Voraussetzung für ein langes und gesundes Hundeleben. Viele Faktoren beeinflussen die optimale Zusammensetzung des Futters, beispielsweise richtet sich bedarfsorientiertes Futter danach, ob der Hund krank, gesund, alt, jung, übergewichtig oder zu dünn ist.

Jeder Hund sollte das für ihn optimal zusammengesetzte Futter bekommen. Vor allem bei Junghunden müssen Hundebesitzer* ganz besonders auf bedarfsorientiert zusammengestelltes Futter achten, um nicht möglicherweise spätere Erkrankungen zu riskieren. Aber auch über das Welpenalter hinaus benötigt jeder Hund ein speziell auf ihn, sein Alter, seine Aktivität und seinen gesundheitlichen Zustand abgestimmtes Futter. Beispielhaft führen wir für diese unterschiedlichen Anforderungen Rezepte an, sodass jeder Hundebesitzer das beste Futter für seinen Liebling ganz nach dessen speziellen Ansprüchen zubereiten kann.

Für die Praxis, also für das Selberkochen von Hundefutter, vermitteln wir Wissenswertes über die Zubereitung und Konservierung (wenn man z. B. gleich mehrere Portionen kocht) von Hundefutter, gehen auf mögliche Zutaten ein und erklären Ihnen, welche Ingredienzen Sie unbedingt vermeiden sollten. Tipps und Tricks, um Geld zu sparen, sind ebenfalls dabei, denn der Nachhaltigkeitsgedanke sollte auch in Sachen Hundeernährung zum Thema werden. So kann man z. B. „Nebenprodukte", die beim Kochen anfallen (Fleischabschnitte), als Zutat für Hundefutter verwerten. Innereien wie Herz oder Leber sind hochwertige Produkte, die problemlos zubereitet und verfüttert werden können. Selbst nährstoffreiche Essensreste sind zur Fütterung geeignet, wenn diese hygienisch aufbereitet werden. Außerdem gehen wir in diesem Buch auf fütterungsbedingte Erkrankungen, Vergiftungen und auf rechtliche Hintergründe der Fütterung ein.

Mit den Anregungen in diesem Buch kann jeder Hund hochwertig und kostengünstig ernährt werden. Die Rezeptbeispiele für selbstgekochte Mahlzeiten aus Fleisch, Kohlenhydraten und Gemüse liefern Ideen für abwechslungsreiche Hundekost. Hundekekse und Leckerlis als gesunder Snack zwischendurch oder als kleine Lernhilfe bei Training und Spiel dürfen natürlich nicht fehlen. Die Futterzubereitung ist abgestimmt auf spezielle Bedürfnisse sowie auf mögliche gesundheitliche Probleme des Hundes, wie Unverträglichkeiten, Übergewicht, Verdauungsbeschwerden oder Gelenkschäden, und wir gehen auf besondere Ansprüche verschiedener Altersstufen ein.

Wien und St. Lambrecht,
im September 2022

Stefanie Handl und Armin Deutz

*Aus Gründen der besseren Lesbarkeit wird bei Personenbezeichnungen und personenbezogenen Hauptwörtern in diesem Buch die männliche Form verwendet. Entsprechende Begriffe gelten im Sinne der Gleichbehandlung grundsätzlich für alle Geschlechter. Die verkürzte Sprachform beinhaltet keine Wertung.

EINLEITUNG

Heute ist das Angebot an Fertigfuttermitteln unüberschaubar geworden. Alternative Fütterungsarten, wie das **Barfen,** sind im Kommen („BARF“: Bones And Raw Food). Diese Methode orientiert sich an den Fressgewohnheiten des Wolfes. Es kommen ausschließlich rohes Fleisch, Innereien, Knochen und Gemüse in den Futternapf. Mit dieser Fütterungsmethode ist es sehr schwierig, eine ausgewogene Ration, vor allem für wachsende Hunde, zusammenzustellen. Tierärzte sehen bei „gebarften“ Hunden vermehrt Mangelerscheinungen, Magen-Darm-Probleme, Fremdkörper (Knochen) und Zahnfrakturen. Die Möglichkeit der Übertragung von Krankheiten auf den Hund über die Rohprodukte erhöht sich und somit auch die Gefahr für den Menschen (z. B. Salmonellose, Campylobakteriose, *E. coli*-Infektionen, Tuberkulose und andere Zoonosen). Auch beim **„Selbstkochen“** ist eine bedarfsgerechte Ration schwierig zu gestalten. Daher sollten Sie sich von einem spezialisierten Tierarzt beraten lassen.

An **„Fertigfutter“** gibt es heute hunderte verschiedene Sorten, sowohl Trocken- als auch Nassfutter. Blumige oder emotionale Werbeaussagen sollen das „Einzigartige“ einer Marke hervorheben. Dabei stellen derzeit beliebte Slogans wie „hoher Fleischteil“, „naturnah“ und „getreidefrei“ Merkmale in den Vordergrund, die aus veterinärmedizinischer Sicht irrelevant oder wenig sinnvoll sind. Anhand der Deklaration auf der Verpackung ist es oft nicht möglich, die wirkliche Qualität des Futters zu beurteilen. Zwar müssen die Inhaltsstoffe auf der Verpackung mengenmäßig angegeben werden, z. B. „22 % Rohprotein“. Dies sagt aber nichts über die Qualität des Eiweißes aus: Es kann sich um hochwertiges Fleisch oder schwerverdauliche Nebenerzeugnisse, wie Lunge, Kehlkopf oder Euter, handeln. Die Kotmenge und -konsistenz eines Hundes können Aufschluss darüber geben, wie gut er sein Futter verwertet. Eine große Kotmenge deutet oft auf ein minderwertiges Futter hin. Hat Ihr Hund ein glänzendes Fell, ein bis zweimal täglich wenig und festen Stuhlgang und ist er vital, so ist das ein Zeichen dafür, dass er sein Futter gut verträgt. Ob das Futter wirklich bedarfsdeckend und ausgewogen ist, kann hingegen nur eine Überprüfung des Futters (Futtermitteluntersuchung und Rationsberechnung) sicherstellen. Wir klären Sie darüber auf, wie Fertigfutter hergestellt wird, was die Deklaration aussagt und auf welche Eigenschaften Sie wirklich achten sollen.

Bei der Hundefütterung können unbewusst große Fehler passieren. © A. Deutz

Futterwechsel sollten nicht zu oft vorgenommen werden, da unterschiedliches Futter den Verdauungstrakt irritiert. Viel Abwechslung beim Essen ist ein menschliches Bedürfnis! Bezüglich der **Futtermenge** sollten Sie sich bei Fertigfutter an die Empfehlungen der Hersteller halten. Bewegt sich Ihr Hund extrem wenig oder viel, oder geben Sie viele Leckerlis und Extras, müssen Sie die Menge individuell anpassen. Junghunde sollen viermal täglich gefüttert werden, erwachsene Hunde brauchen nur eine Mahlzeit pro Tag. Allerdings können Sie die Tagesration auch bei erwachsenen Hunden ohne weiteres auch auf zwei bis drei Mahlzeiten aufteilen. Dies empfiehlt sich bei säugenden Hündinnen oder bei Hunderassen, die zur Magendrehung neigen. **Futterzusätze** sollten Sie nur in Absprache mit dem Tierarzt geben.

TEIL I: GRUNDLAGEN DER HUNDEERNÄHRUNG

WIE VIEL FUTTER BRAUCHT MEIN HUND?

„Wie viel soll ich denn meinem Hund füttern?" Das ist eine einfache wie grundlegende Frage. Die korrekte Antwort lautet: „So viel wie er braucht!". Aber wie viel braucht ein Hund? Dieses Kapitel beschäftigt sich mit dem Energiebedarf des Hundes und wie Sie den Energiegehalt im Futter und damit die richtige Futtermenge berechnen können.

Die Futtermenge für einen Hund richtet sich einerseits nach seinem Energiebedarf und andererseits nach dem Energiegehalt des Futters. Vorteile eines Feucht-(Dosen-)futters sind eine hohe Akzeptanz und eine höhere Wasseraufnahme, Nachteile sind die höheren Kosten, der Dosenabfall sowie ein möglicher Eiweißüberschuss. Vorteile von Trockenfutter sind die geringeren Kosten, die einfache Handhabung und weniger Müll. „Snacks" oder „Leckerlis" sind zwar beim Abrichten hilfreich, sollten wegen des meist hohen Energiegehaltes (Gefahr von Übergewicht) jedoch zehn Prozent der täglichen Gesamtenergieaufnahme nicht übersteigen. „Kausnacks" dienen dem „Training" des Gebisses und der Kaumuskulatur, sowie als Ablenkung und Beschäftigung.

Ohne Energie geht gar nichts

Ein wesentlicher Grund, warum ein Lebewesen Nahrung aufnehmen muss, ist dessen Bedarf an Energie. Dieser „Brennstoff" wird bei allen Körperfunktionen täglich verbraucht für Bewegung, Atmung, Verdauung, Stoffwechsel und das Aufrechterhalten der Körpertemperatur.

Der Energiebedarf und auch der Energiegehalt im Futter werden in der Einheit Joule (J) gemessen. Ein Joule ist jene Menge Energie, die nötig ist, um 100 g (also etwa eine Tafel Schokolade) einen Meter anzuheben. Im täglichen Sprachgebrauch ist noch die (eigentlich veraltete) Einheit Kalorien (cal) üblich. Da es sich in der Nahrung um große Mengen an Energie handelt, wird in kcal (Kilokalorien, also 1.000 cal), kJ (Kilojoule) und MJ (Megajoule = 1 Mio. Joule) angegeben.

Der Energiebedarf eines erwachsenen, gesunden, durchschnittlich aktiven Hundes beträgt 0,4 MJ oder 95 kcal/kg metabolischer Körpermasse. Diese „metabolische Körpermasse" ergibt sich, indem man das Körpergewicht hoch 0,75 rechnet. Warum das? Nun, der Energiebedarf hat neben der Größe des Hundes auch mit der **Körperoberfläche** zu tun. Da ein kleiner Körper eine größere Oberfläche hat, verliert ein kleiner Hund mehr Wärme und hat daher einen größeren Energiebedarf pro Kilogramm als ein großer Hund. Anders ausgedrückt: der Energiebedarf von Hunden ist nicht linear: ein 20 kg schwerer Hund braucht nicht zehnmal mehr Futter als ein zwei Kilogramm schwerer – das wäre viel zu viel. Der Energiebedarf von Hunden verschiedener Größe ist in Tabelle 1 aufgelistet. Als „jung“ ist ein Hund im ersten Drittel seines Lebens zu bezeichnen. Das hängt von seiner Lebenserwartung ab, die mit zunehmender Körpergröße sinkt (siehe Seite 68).

Tabelle 1: Täglicher Energiebedarf von Hunden unterschiedlicher Größe in kcal

Gewicht in kg	Rassen Beispiele	jung, sehr aktiv	mäßig aktiv	älter, kastriert
3	Chihuahua, Yorkshire Terrier, Rehpinscher, Malteser	125	95	76
5	Zwergdackel, Zwergschnauzer, Pekinese, Shih Tzu	420	320	255
8	Mops, Foxterrier, West Highland Terrier, Cavalier King Charles Spaniel, Dackel	600	450	360
10	Französische Bulldogge, Whippet, Pinscher	710	540	430
15	Beagle, Cocker Spaniel, Shetland Sheepdog (Sheltie)	960	730	580
20	Border Collie, Basset, Bullterrier	1.200	900	720
25	Husky, Bulldog, Pointer	1.415	1.070	855
30	Samojede, Boxer, Setter, Magyar Viszla	1.620	1.220	980
35	Labrador, Golden Retriever, Deutscher Schäferhund, Hovawart	1.820	1.380	1.100
40	Alaskan Malamute, Dobermann, Rhodesian Ridgeback	2.015	1.520	1.215
50	Rottweiler, Berner Sennenhund	2.400	1.800	1.440
60	Dogge, Neufundländer, Leonberger	2.830	2.060	1.650
70	Irischer Wolfshund, Bernhardiner	3.060	2.300	1.850

Individueller Bedarf

Bei keinem anderen Haustier gibt es so große Unterschiede in Größe, Aussehen und Haltungsbedingungen wie beim Hund. Entsprechend gibt es auch große Schwankungen beim individuellen Energiebedarf. Wesentliche Einflussfaktoren sind:

- Alter: Junge Hunde sind von Natur aus aktiver, während im Alter der Bewegungsdrang sinkt. Dazu kommt, dass im Alter der Anteil an Muskelmasse abnimmt. Außerdem steigt die Wahrscheinlichkeit für Krankheiten, welche die Bewegungsfreude zusätzlich einschränken (wie z. B.

Der Energiebedarf des Hundes ist stark abhängig von dessen Größe, seinem Alter sowie von Aktivitäten und Temperament. © A. Deutz

Gelenkerkrankungen). Daher kann man bei jungen Hunden einen ca. 20 % höheren Bedarf annehmen, bei älteren Hunden muss man meist 20–30 % abziehen.

- Kastration: Der Eingriff in den Hormonhaushalt kann den Energiebedarf um bis zu 30 % senken. Das fällt vor allem dann auf, wenn der Hund im Erwachsenenalter kastriert wird.
- Aktivität/Temperament: Sehr hektische Typen, wie viele Jagdhunde (Vorstehhunde, Terrier), brauchen mehr Energie als eher phlegmatische Typen (wie Labrador, Basset). Ebenso brauchen Hunde, die in der Gruppe gehalten werden und die viel im Freien sind, mehr Energie als solche, die alleine und hauptsächlich in der Wohnung leben.

In der Praxis kann der tägliche Bedarf um bis zu ± 50 % vom Durchschnitt (in Tabelle 1 mit „mäßig aktiv“ bezeichnet) abweichen.

Wie berechne ich den Energiegehalt im Hundefutter?

Um den Energiegehalt des Futters überschlagsmäßig auszurechen, gibt es die „modifizierte Formel nach Atwater“. Sie lautet: kcal/100 g = 3,5 x % Protein + 8,5 x % Fett + 3,5 x % Stärke.

„Protein = Eiweiß“ und „Fett“ sind die auf der Packung unter „analytische Bestandteile“ angegebene Werte. Der Gehalt an Stärke ergibt sich, indem man alle analytischen Bestandteile inkl. Feuchte zusammenzählt und von 100 % abzieht. Ist bei Trockenfutter kein Wassergehalt angegeben, wird eine Feuchtigkeit von acht Prozent angenommen.

Beispiel: Alleinfuttermittel für ausgewachsene Hunde, Trockenfutter

Diese Angaben finden sich auf der Packung unter „Analytische Bestandteile“:

Rohprotein 33 %, Rohfett 18 %, Rohasche 7,9 %, Rohfaser 3 %, Kalzium 1,8 %, Phosphor 1,4%, Omega-3-Fettsäuren 0,9 %, Omega-6-Fettsäuren 2,2 %

Für die Formel nach Atwater brauchen Sie folgende Informationen:

Gehalt an Protein, Fett und Stärke in %. Die Gehalte an Protein und Rohfett stehen direkt auf der Packung. Den Gehalt an Stärke müssen Sie erst errechnen.

Gehalt an Stärke = 100 – (analytische Bestandteile + Feuchtigkeit)

Bei diesem Beispiel bedeutet es:

Stärke = 100 – (Rohprotein + Rohfett + Rohasche + Rohfaser + Feuchtigkeit)

Die Gehalte an Kalzium und Phosphor fließen nicht gesondert in die Rechnung ein, da sie bereits im Wert „Rohasche“ enthalten sind. Ebenso verhält es sich mit den Gehalten an Omega-3- und Omega-6-Fettsäuren. Sie sind im Wert „Rohfett“ enthalten.

Da auf der Verpackung keine Angabe über den Wassergehalt dieses Futters zu finden ist, unterstellen wir eine Feuchtigkeit von 8 %.

Daraus folgt:

Stärke = 100 – (33 + 18 + 7,9 + 3 + 8) = 100 – 69,9 = 30,1 % Stärke

Nun können wir die Formel von Atwater anwenden:

Energiegehalt (kcal/100 g) = 3,5 x % Protein + 8,5 x % Fett + 3,5 x % Stärke = 3,5 x 33 + 8,5 x 18 + 3,5 x 30,1 = 115,5 + 153 + 105,35 = 373,85 kcal/100 g Trockenfutter

Um die tägliche Futtermenge auszurechnen, die Ihr Hund braucht, schlagen Sie in Tabelle 1 dessen Energiebedarf nach. Angenommen, Sie haben einen älteren, kastrierten Labrador (35 kg schwer). Sein täglicher Energiebedarf liegt bei 1.100 kcal am Tag.

Futtermenge (g/Tag) = Energiebedarf (kcal/Tag) / Energiegehalt im Futter (kcal/100 g) x 100

Futtermenge Labrador = (1.100 / 373,85) x 100 = 2,94 x 100 = 294 g

Geben Sie zusätzlich Leckerli, müssen Sie deren Energiegehalt von der täglichen Menge an Fertigfutter abziehen! Sonst nimmt Ihr Hund zu!

Feuchtfutter enthalten durchschnittlich 90–130 kcal/100 g, Trockenfutter 300–430 kcal/100 g. In Tabelle 2a und 2b haben wir die sich daraus ergebenden Futtermengen für durchschnittlich aktive Hunde zusammengefasst.

Tabelle 2a: Tägliche Futtermenge (in Gramm) für durchschnittlich aktive Hunde von je einem kalorienarmen und kalorienreichen Feucht- bzw. Trockenfutter

	Feuchtfutter		Trockenfutter	
Hund: Gewicht in kg	Energiegehalt etwa 0,4 MJ = 90 kcal/100 g	Energiegehalt etwa 0,55 MJ = 130 kcal/100 g	Energiegehalt etwa 1,5 MJ = 350 kcal/100 g	Energiegehalt etwa 1,7 MJ = 400 kcal/100 g
3	230 g	170 g	60 g	55 g
5	340 g	250 g	90 g	80 g
8	490 g	350 g	130 g	110 g
10	580 g	415 g	150 g	130 g
15	780 g	560 g	200 g	180 g
20	970 g	670 g	250 g	220 g
25	1.150 g	820 g	300 g	260 g
30	1.320 g	940 g	340 g	300 g
35	1.450 g	1.060 g	380 g	340 g

Tabelle 2b: Tägliche Futtermenge (in Gramm) für durchschnittlich aktive Hunde von je einem kalorienarmen und kalorienreichen Feucht- bzw. Trockenfutter

	Feuchtfutter		Trockenfutter	
Hund: Gewicht in kg	Energiegehalt etwa 0,4 MJ = 90 kcal/100 g	Energiegehalt etwa 0,55 MJ = 130 kcal/100 g	Energiegehalt etwa 1,5 MJ = 350 kcal/100 g	Energiegehalt etwa 1,7 MJ = 400 kcal/100 g
40	1.632 g	1.170 g	420 g	375 g
50	1.930 g	1.380 g	500 g	440 g
60	2.210 g	1.590 g	575 g	500 g
70	2.280 g	1.780 g	645 g	560 g

Stimmen die Fütterungsempfehlungen?

Viele Hundebesitzer empfinden die Fütterungsempfehlungen der Hersteller als zu hoch, da ihre Hunde bei den angegebenen Mengen zunehmen. Dabei dürfen Sie zwei Punkte nicht vergessen: Erstens die Leckerlis und zweitens die Kastration.

Die Futtermengen auf der Packung von Alleinfutter sind berechnet, wenn es der Hund eben auch alleine bekommt. In der Praxis erhält aber fast jeder Hund Belohnungen oder Kausnacks, die oft recht kalorienreich sind. Wer Extras gibt, muss die Angaben auf der Packung reduzieren!

Eine Kastration kann den Energiebedarf um bis zu 30 % reduzieren. Wenn ein Futter aber nicht speziell für kastrierte Hunde konzipiert ist, sondern nur „für Hunde“ allgemein, so wird in der Regel der Kalorienbedarf von nicht-kastrierten Hunden zu Grunde gelegt.

Gelegentlich gibt es Hersteller, die ungewöhnlich niedrige Fütterungsempfehlungen angeben (ca. die Hälfte vom Üblichen). Sie erklären es so: Ihr Futter sei „besonders hochwertig und gut verwertbar“. Das ist unrealistisch, denn ein Futter kann nicht den doppelten Energiehalt haben wie ein anderes! Die Zutaten sind ja in allen Produkten ähnlich. Daher ist Skepsis angebracht.

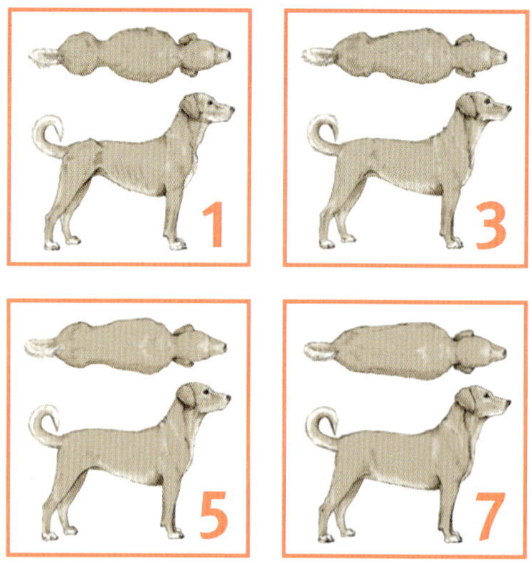

Abbildung: Auf der neunteiligen Skala des Body Conditon Score für Hunde ist die Idealfigur mit 5 definiert. Dabei sind die Rippen leicht spürbar, stehen aber nicht hervor. Hinter den Rippen ist in der Draufsicht eine Taille sichtbar. Hunde zwischen 1–3 sind zu dünn, ab 7 übergewichtig. (Nach WSAVA – Global Nutrition Committee)

HINWEIS!

Kann man sich auf die Fütterungsempfehlungen der Hersteller verlassen? Ja, überwiegend schon. Generell gilt aber: Fütterungsempfehlungen sind immer nur Richtwerte!

Hauptsache eine gute Figur machen!

Neben all diesen Berechnungen ergibt sich die optimale Futtermenge in der Praxis aber vor allem aus der Figur des Hundes: Ist der Hund schlank und muskulös, so ist die Kalorienzufuhr gerade richtig!

„Idealfigur" bedeutet:

- dass keine Knochen hervorstehen;
- dass die Rippen von einer dünnen Schicht an Gewebe bedeckt sind. Sie sind gerade nicht sichtbar, aber leicht fühlbar;
- dass der Hund von oben und von der Seite eine deutliche Taille hat.

WICHTIG!

Die richtige Futtermenge lässt sich abschätzen, indem man den Kaloriengehalt des Futters ausrechnet und mit dem Bedarf des Hundes abgleicht. Gerade bei Hunden gibt es jedoch große individuelle Unterschiede im täglichen Energiebedarf, abhängig von Alter, Kastration, Rasse, Haltungsbedingungen, Aktivität und Temperament. Auch Leckerlis und Kausnacks können kalorienmäßig ordentlich zu Buche schlagen. Deswegen ist das wichtigste „Maß" für die optimale Futtermenge die Figur des Hundes.

Der beste Gradmesser, ob die Ernährung stimmt, ist die Figur des Hundes. Bei diesem Hund passen Futtermenge, Energiegehalt und Bedarf optimal zusammen. Sein Body Condition Score liegt bei 5 (siehe Abbildung Seite 18).

NATÜRLICH SIND LECKERLIS ERLAUBT

„Leckerlis" – Belohnungen beim Training, Kauspaß zur Beschäftigung und ein Stück vom Sonntagsfrühstück als Zeichen der Zusammengehörigkeit – gehören für die meisten Hundebesitzer einfach dazu und verstärken die Bindung zwischen Tier und Mensch.

Kauspaß & Zahnpflege

Hunde kauen gern und Kauartikel wie Schweinsohren, Ochsenziemer, Rinderhaut, Sehnen, Luftröhre oder getrockneter Pansen werden gern als Beschäftigung (z. B. wenn der Hund allein bleiben soll) gegeben. Sie sind bei vielen Hunden beliebt, haben aber auch Nachteile: Sie bestehen aus schwer verdaulichem Eiweiß (Knorpel, Bindegewebe) und liegen daher „schwer im Magen" und können auch die Darmflora stören – Blähungen, Aufstoßen, Durchfall und übler Geruch sind die Folge. Außerdem können sie mit Salmonellen belastet sein.

Tägliche Zahnpflege sollte eine Selbstverständlichkeit sein. Die beste und gründlichste Methode ist das Putzen mit einer Zahnbürste oder einem Fingerling. Zahnpasta kann sein, muss aber nicht. Mit etwas Geduld kann man das auch einem erwachsenen Hund beibringen – zum Lernen ist man nie zu alt. Anleitungen gibt es z. B. auf Youtube; oder man konsultiert eine Trainerin oder einen Trainer. Zusätzlich können Zahnpflegesnacks eine gute Unterstützung geben. Durch ihre spezielle Struktur und besondere Form sorgen sie für eine mechanische Reinigung der Zähne. Zusätzlich verringern deren Inhaltsstoffe die Bildung von neuem Zahnstein und sorgen für frischen Atem. Zahnexperten empfehlen, entweder jeden Tag die Zähne zu putzen oder Zähneputzen und Zahnpflegesnacks jeden Tag abzuwechseln.

Die manchmal zum Kauen empfohlenen Knochen und Geweihstangen sind dagegen sehr hart und können zu Verletzungen an Zähnen, Zahnfleisch und Gaumen führen. Abgebissene Stücke und Splitter können Speiseröhre und Magen verletzen und sogar zu einem lebensgefährlichen Darmverschluss führen (siehe Knochenfütterung, Seite 114).

Hunde, die mit einem hochwertigen Alleinfutter ausgewogen ernährt werden, brauchen außerdem kein zusätzliches Kalzium. Eine überhöhte Zufuhr an Phosphor, der auch in Knochen enthalten ist, stellt ein Risiko für Harnsteine (Struvit) dar und belastet außerdem die Nieren.

Trotz Kauknochen sollten Sie die Zähne Ihres Hundes regelmäßig putzen. © ShutterOK/shutterstock.com

Motivation geht durch den Magen

Futterbelohnungen sind ein verbreitetes und beliebtes Hilfsmittel im Training – von den ersten Übungen im Welpenalter an bis zu anspruchsvollen Ausbildungen als Rettungs-, Polizei- oder Assistenzhund. Grundsätzlich darf dabei eingesetzt werden, was der Markt anbietet und was der Hund mag und verträgt.

In letzter Zeit sind vor allem „fleischige" Leckerlis beliebt, wie Trockenfleisch, getrockneter Pansen oder getrocknete Lunge. Diese Produkte sind naturgegeben sehr eiweißreich – während ein Eiweißüberschuss bei einem jungen Hund ohne Probleme toleriert wird, kann er bei einem älteren Hund Leber und Nieren belasten. Auch können solche Produkte sehr fett sein – sie können den Magen belasten, oder die Kalorien können „ansetzen". Alternativen sind „Kekse" mit weniger Eiweiß und mehr Kohlenhydraten (die Angst vor Getreide ist völlig unbegründet), aber auch trockenes Brot, Zwieback, Knäckebrot oder Reiswaffeln.

Wehret den Anfängen

Das größte Risiko bei der Gabe von Leckerlis ist das Entstehen von Übergewicht. Daher macht es Sinn, von Anfang an die Menge an Leckerbissen auf das Nötigste zu beschränken und zu kalorienarmen Alternativen zu greifen (Tabelle 3). Die einfachste Möglichkeit: Je kleiner die Bissen sind, desto mehr kann man geben – für den Hund zählt, DASS er belohnt wird, nicht wie groß das Stück ist.

Besonders kalorienarme Leckerbissen sind Obst und Gemüse. Hier darf fast alles verwendet werden, was auch wir Menschen essen, wie Karotten, Gurken, Zucchini, Paprika, Äpfel oder Beeren. Tabu sind Weintrauben und alles, was mit Zwiebel, Knoblauch, Lauch oder Schnittlauch gewürzt wurde. Geeignet sind außerdem ohne Fett gebackene Kartoffelchips, fettarmer Käse (wie Quargel) oder gekochte Nudeln.

Selbstverständlich müssen Belohnungen immer von der Tagesration abgezogen werden – am besten lässt man sich vom Tierarzt einen Diätplan erstellen. In Tabelle 4 sehen Sie, welchen Anteil die Leckerlis am täglichen Energiebedarf eines 20 kg schweren Hundes haben. Ein 70 g schweres Schweineohr als Beschäftigung angeboten, deckt bereits 38 % des Tagesbedarfs eines ausgewachsenen Border Collies oder Bullterriers. Bieten Sie ihm stattdessen dieselbe Menge getrockneter Hühnerbrust an, so deckt dieser Snack nur 13 % seines Tagesbedarfs an Energie.

Ein praktischer und extrem kalorienarmer Trick ist ein leerer Deoroller, den man mit stark verdünntem Futter, Suppe oder Saft füllt – der Hund darf zur Belohnung daran schlecken, bekommt den leckeren Geschmack, aber so gut wie keine Kalorien. Leere Deoroller gibt es im Kosmetikzubehör, man kann sie zerlegen, auswaschen und wiederverwenden. Diese Methode eignet sich auch für sehr nervöse Hunde, die in Stresssituation keine Futterbelohnungen annehmen.

Tabelle 3: Einige Beispiele für Leckerlis – Menge enthält jeweils 100 kcal

100 kcal sind enthalten in	Menge in g
Gurke	850 (2 Stück)
Karotten	300 (3 große)
Apfel	200 (1 großer/2 kleine)
Magertopfen	120 (1/2 Becher)
gekochte Nudeln	120
Hühnerbrust gekocht	100
Schinken mager	75
Käse fettarm	50
Knäckebrot	40 (4 Scheiben)
Hühnerbrust getrocknet	30
durchschnittliche Hundekekse	30
durchschnittliches Trockenfutter	30 (eine Handvoll)
Käse (Emmentaler, Edamer)	25
getrockneter Pansen Rind	25

Tabelle 4a: Einige beliebte Snacks und welchen Anteil sie am täglichen Energiebedarf eines 20 kg schweren Hundes haben

	Gewicht	Energie	% Energie/Tag eines 20 kg schweren Hundes
Kauknochen aus Rinderhaut 20 cm	120 g	410 kcal	50 %
Schweineohr	70 g	305 kcal	38 %
Ochsenziemer 15 cm	60 g	225 kcal	28 %
Knackwurst	130 g	335 kcal	42 %
Edamer Käse (45 % F.i.T)	50 g	155 kcal	20 %
Schinken	100 g	130 kcal	16 %

Tabelle 4b: Einige beliebte Snacks und welchen Anteil sie am täglichen Energiebedarf eines 20 kg schweren Hundes haben

	Gewicht	Energie	% Energie/Tag eines 20 kg schweren Hundes
Hühnerbrust getrocknet	70 g	105 kcal	13 %
Getrockneter Pansen Rind	30 g	150 kcal	18 %

Belohnungen helfen beim Training. Achten Sie jedoch auf die Menge, damit der Hund nicht zu viele Zusatzkalorien bekommt. © Natalia Bostan/shutterstock.com

WELCHE FUTTERSCHÜSSEL?

Grundsätzlich sollte natürlich die Größe der Futterschüssel an die Futtermenge und damit die Größe des Hundes angepasst sein. Eher zu groß als zu klein lautet hierbei die Devise. Größere Futternäpfe sind deshalb vorteilhaft, weil Hunde dann weniger Futter über den Rand schieben können. Für Hunde mit Hängeohren können hohe Seitenwände vorteilhaft sein, da die Ohren nicht ins Futter hängen. Für Hunderassen mit eher kurzer Schnauze sind hohe Seitenwände jedoch ungeeignet. Der Hund muss in einer entspannten Körperhaltung fressen können. Dafür gibt es schon Futterschüsseln mit unterschiedlichen Höhen. Für besonders gierig fressende Hunde gibt es sogar Spezialkonstruktionen, wie etwa Anti-Schling-Näpfe.

Die Wahl der passenden Futterschüssel und ihrer Form bzw. Höhe kann also sehr individuell erfolgen und sollte zu Ihrem Hund passen. Auch auf besondere Vorlieben von Hunden kann eingegangen werden. Ob die Schüssel aus Edelstahl, Kunststoff oder Keramik besteht, ist eigentlich Nebensache, wichtiger sind ihre Eigenschaften (siehe Kasten). Das Material sollte lebensmittelecht sein und idealerweise nicht den Geruch des Futters annehmen. Auch die Art des verabreichten Futters, wie Nass- oder Trockenfutter, spielt bei der Wahl des Materials eine Rolle. Ein weites Verschieben der Futterschüssel während der Aufnahme der letzten Futterreste kann durch das Eigengewicht der Schüssel, Gummiringe auf der Unterseite oder eine Unterlagsmatte verhindert werden. Unterlagsmatten haben auch den Vorteil, dass Futterreste leicht entfernt werden können.

Bei temperamentvollen oder spielfreudigen Hunden oder Welpen muss die Schüssel Bisse vertragen und darf nicht splittern, was besonders bei Kunststoffschüsseln zu berücksichtigen ist. Zahnabdrücke im Randbereich der Futterschüssel sind wahre Keimfänger. Bei zum Hundenapf umfunktionierten billigen Plastikschalen können zudem giftige Weichmacher enthalten sein. Für die Hundegesundheit ist es wesentlich, dass die Futterschüssel – unabhängig aus welchem Material – leicht zu reinigen und damit hygienisch einwandfrei ist. Futterreste sind bester Nährboden für Bakterien und damit auch für mögliche Krankheitserreger. Von Modellen mit geriffelten Wänden oder mit eng nach innen oder außen gebogenen Kanten ist deshalb abzuraten. Die Oberfläche sollte jedenfalls glatt und damit leicht zu reinigen und gegebenenfalls zu desinfizieren sein.

WICHTIG!

Die ideale Futterschüssel ...

- sollte zur Futterart passen,
- muss eine glatte, leicht zu reinigende Oberfläche haben,
- sollte an die Anatomie des Hundes (Schulterhöhe, Schnauzenlänge) angepasst sein,
- sollte etwas mehr Volumen haben als das Futter,
- sollte nicht am Boden rutschen und stabil sowie bissfest sein.

Achten Sie beim Kauf eines Futternapfs vor allem darauf, dass sie den Ansprüchen des Hundes entspricht und sich leicht reinigen lässt.

TEIL II: GESUND DURCH RICHTIGE ERNÄHRUNG

DER GESUNDE HUND

Ziel der optimalen Hundeernährung ist es, den Bedarf des Tieres an Energie, Eiweiß, Mineralstoffen und Vitaminen zu decken. Je besser das gelingt, umso länger wird der Hund gesund bleiben. Doch woran erkennen Sie, ob der Hund gesund ist?

Um den Gesundheitszustand eines Hundes selbst beurteilen zu können, sollten folgende Voraussetzungen gegeben sein:

- Die Augen sind klar und das Fell um die Augen ist nicht verklebt. Die Bindehaut ist nicht gerötet und es ist kein Augenausfluss zu bemerken. Der Hund kneift die Augen nicht zusammen und folgt mit den Augen Ihren Bewegungen. Die Pupillen sind gleich groß.
- Die Nase ist sauber und bis zum Nasenspiegel behaart. Es ist kein dickflüssiger Ausfluss vorhanden. Etwas klares, flüssiges Sekret ist normal. Es sind keine Geräusche beim Atmen bemerkbar.
- Das Fell an den Ohren ist nicht verklebt, die Gehörgänge sind sauber. Etwas gelbbräunliches Ohrensekret ist normal. Der Hund schüttelt nicht vermehrt den Kopf und kratzt sich höchstens sporadisch an den Ohren.
- Das Fell ist glänzend und der Rasse entsprechend. Es sind keine kahlen Stellen oder Schuppen erkennbar.
- Die Haut an wenig behaarten Stellen (Bauch, Achseln) ist glatt und zeigt keine Rötungen oder Pusteln.
- Die Mundschleimhaut ist rosa, die Zähne sind ohne Zahnbelag und die Zahnstellung entspricht der Rasse. Der Hund riecht nicht unangenehm aus dem Maul.
- Der Hund steht vom Liegen oder Sitzen schnell auf und belastet alle vier Extremitäten gleich. Es ist weder ein Hinken oder Anheben eines Beines zu beobachten.
- Der Kot ist fest, sodass Sie ihn ohne Spuren vom Boden aufheben können, und die Umgebung des Afters ist sauber. Der Kotabsatz sollte maximal einmal öfter als die Zahl der Fütterungen erfolgen.
- Der Harn hat eine hell- bis strohgelbe Farbe und kann in gleichmäßigem Strahl abgesetzt werden.
- Die Umgebung der Vorhautöffnung bzw. der Scheide ist sauber und nicht verklebt. Es ist kein Ausfluss bemerkbar. Der Hund kratzt oder schleckt sich dort nur selten.
- Der Hund frisst mit Appetit und ist an seiner Umgebung interessiert.

Tabelle 5: Normalwerte der Körperfunktionen von Hunden

	kleine Hunde (bis 15 kg)	mittlere Hunde (15–45 kg)	große Hunde (über 45 kg)
Körpertemperatur (°C)	38,6–39,4	38,2–39,2	37,5–38,8
Puls (Schläge/min)	90–160	80–130	70–100
Atemfrequenz (Atemzüge/min)	10–30		

Nase und Riechvermögen

Das Riechvermögen des Hundes ist etwa eine Million Mal besser als das des Menschen, die Differenzierungsfähigkeit von Duftstoffen ist um etwa 1.000-mal besser. Hat der Mensch etwa fünf Millionen Riechzellen, so verfügt der Hund je nach Rasse zwischen 125 und 230 Millionen Riechzellen. Je länger die Hundeschnauze (Fang) ist, desto besser ist das Riechvermögen. Ein Hund kann in kurzen Atemzügen bis zu 300-mal in der Minute atmen und so die Riechzellen mit Geruchsstoffen versorgen. Zehn Prozent des Hundegehirns sind für die Verarbeitung der „Riechdaten" verantwortlich (beim Menschen ist es nur ein Prozent). Der Hund kann zudem rechtes und linkes Nasenloch unterscheiden. Das heißt, er riecht „stereo". Durch diese Fähigkeit kann er die Richtung einer Fährte erkennen.

Das Riechvermögen der Hunde ist etwa eine Million Mal besser als das des Menschen. Die Akzeptanz von Futtermitteln kann auch von ihrem Geruch abhängen! © A. Deutz

FÜTTERUNGSRELEVANTE ERKRANKUNGEN

Einige Erkrankungen können die Futteraufnahme behindern oder sind Hinweis auf Fütterungsfehler oder Nährstoffmängel. Es folgt ein kurzer Überblick über die wichtigsten Krankheiten, deren Ursachen und empfohlene Gegenmaßnahmen.

Zahn- und Zahnfleischerkrankungen

Bleibender Milchzahn: Normalerweise stößt der bleibende Zahn seinen Milchzahnvorgänger beim Wachsen aus der Verankerung, sodass der Milchzahn ausfällt. Besonders bei kleineren Hunderassen kommt es immer wieder vor, dass der Milchfangzahn nicht ausfällt (man spricht vom *Caninus persistens*) und hinter oder neben dem bleibenden Fangzahn herauswächst. Meist ist der Oberkiefer betroffen. Aufgrund der daraus resultierenden Schmerzen kann es sein, dass der Hund die Futteraufnahme verweigert oder schlecht frisst.

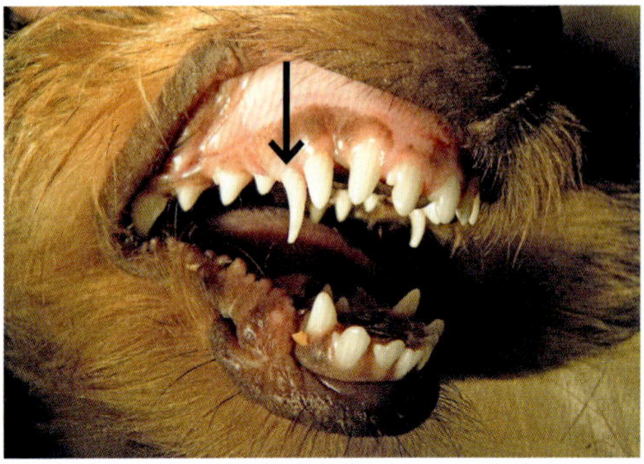

Bleibender Milchfangzahn im Oberkiefer. © A. Deutz

Was ist zu tun? Der Milchzahn muss unbedingt, meist chirurgisch, entfernt werden, da es sonst sowohl zu einer bleibenden Fehlstellung des Gebisses als auch zur Schädigung des Nachfolgezahnes kommt.

Zahnstein und Zahnfleischentzündung: Probleme mit bleibenden Zähnen sind gewöhnlich für den Hundeführer leicht erkennbar. Die häufigsten Anzeichen sind schlechte Futteraufnahme, unangenehmer Geruch aus dem Fang, starkes Speicheln, gerötetes Zahnfleisch und Verfärbung der Zähne. Zahnstein und eine damit verbundene Zahnfleischentzündung sind laut Untersuchungen bei 85 % aller Hunde feststellbar.

Ursachen: Ausschließlich breiige oder weiche Nahrung, mangelnde Reinigung und Traumatisierung der Zähne durch das Herumtragen von Holz oder Steinen führen zu Zahnbelägen, sogenannten Plaques, die aus Bakterien bestehen. Werden diese Belege nicht durch Kauen fester Nahrung oder durch „Zähneputzen“ mit einer Hundezahnbürste entfernt, mineralisieren sie und werden zu Zahnstein. Durch die Bakterien und deren Toxine entzündet sich das Zahn-

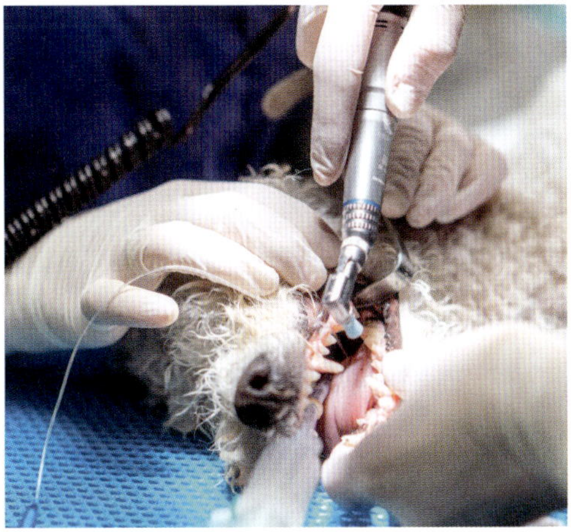

Zahnstein muss unter Narkose entfernt werden. © David Herraez Calzada/shutterstock.com

fleisch, es ist gerötet, wirkt „glasig“ und die Blutungsbereitschaft steigt. Ohne Behandlung bilden sich, wie auch beim Menschen, Zahnfleischtaschen, die Zahnwurzeln werden locker, der Kieferknochen schwindet und die Zähne fallen aus.

Was ist zu tun? Die beste Vorbeugung von Zahnbelag, Zahnstein und Zahnfleischerkrankungen ist das tägliche Putzen mit einer Zahnbürste oder einem Fingerling. Unterstützend können Kausnacks gegeben werden. Achtung: Verzichten Sie auf Knochen oder Geweihe! Diese können die Zähne schädigen! Sind die Beläge bereits zu Zahnstein mineralisiert, können sie nur vom Tierarzt mittels Ultraschall in Narkose entfernt werden.

Entzündung des Rachenraumes Die Erkrankung äußert sich in Schluckstörungen, würgendem Husten und eventuell vermehrtem Speicheln.

Ursachen: Die Entzündung des Rachenraumes inklusive der Mandeln (Tonsillen) ist entweder durch Viren und Bakterien verursacht oder es kann sich ein Fremdkörper im Maul- und Rachenraum befinden. Als Fremdkörper kommen vor allem Holzteile und Knochensplitter, Nadeln und Angelhaken in Betracht.

Was ist zu tun? Der Maul-Rachenraum ist genau zu untersuchen, häufig bohren sich Fremdkörper unter der Zunge oder im Kieferwinkel ein. Können Sie den Fremdkörper selbst entfernen und die Schleimhaut ist verletzt, sind dem Hund unbedingt vom Tierarzt Antibiotika zu verschreiben, da ein Abszess (Eiterbildung) im Rachen-Halsbereich zum Tod führen kann.

Vergrößerte Rachenmandeln (Tonsillen) bei Hunden unter zwei Jahren ohne andere Krankheitssymptome sind nicht als Erkrankung anzusehen. Die Mandeln sind häufig Eintrittspforte und erste Abwehrstation von Infektionen mit Viren und Bakterien. In den Tonsillen werden die Krankheitserreger aufgearbeitet und die Immunabwehr in Gang gesetzt. Junghunde müssen sich ständig mit neuen Mikroorganismen aus ihrer Umgebung auseinandersetzen, durch diese erhöhte Aktivität der Tonsillen sind diese oft vergrößert und auch entzündet.

Bei häufigen Entzündungen und Rötung des Rachens sollte auch an Gastritis mit Reflux („Sodbrennen“) gedacht werden.

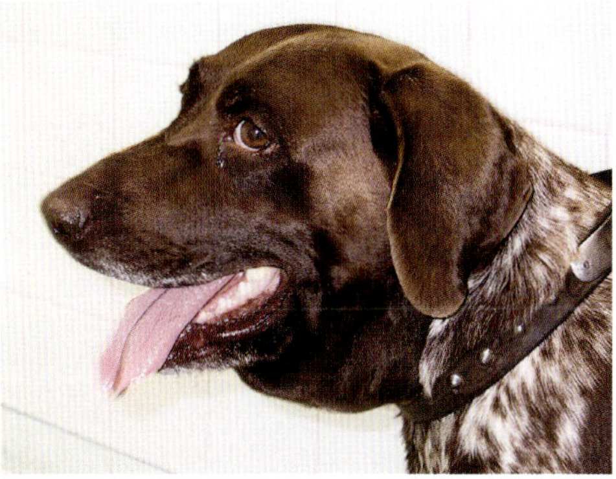

Hochgradige Schwellung in der Kehlgegend nach Fremdkörper (Holz) im Rachenraum. © A. Deutz

Glanzloses (stumpfes) Fell

Das Haarkleid ist glanzlos, oft struppig, Juckreiz oder vermehrter Haarausfall können auftreten.

Ursachen: Unausgewogene Fütterung (zu wenig essentielle Fettsäuren, Vitaminmangel, Mineralstoffunterversorgung), unzureichende oder übertriebene Fellpflege, Hautparasiten und Pilze, Verwurmung, Hormonstörungen und Organerkrankungen können verantwortlich sein.

Was ist zu tun? Finden Sie keine eindeutige Ursache, wie einseitige Fütterung, Flöhe oder Hautpilze, so sollten Sie zur Abklärung der Ursache einen Tierarzt aufsuchen.

Erbrechen

Der Hund wird unruhig, beginnt zu speicheln und zu würgen und erbricht Mageninhalt oder Schleim mit deutlichen pumpenden Bewegungen.

Ursachen: Gelegentliches Erbrechen ist nicht unbedingt ein Zeichen einer Erkrankung. Junge Hunde, die sehr schnell fressen, und sehr aufgeregte Hunde erbrechen öfter. Säugende Hündinnen erbrechen gelegentlich anverdautes Futter für die Welpen. Wiederholtes Erbrechen kann durch Entzündungen der Magenschleimhaut oder des Darmes, durch Fremdkörper oder durch Darmverschluss verursacht sein. Auch andere Organerkrankungen (z. B. Nieren- und Lebererkrankungen, Gehirnerschütterung) können Verursacher von Erbrechen sein.

Was ist zu tun? Tritt wiederholtes Erbrechen auf oder ist zusätzlich das Allgemeinbefinden des Hundes gestört, suchen Sie Ihren Tierarzt auf und bringen Sie – wenn möglich – eine Probe des Erbrochenen mit. Der Tierarzt kann daraus schon oft Rückschlüsse auf den Sitz der Erkrankung ziehen.

HINWEIS!

Erbrechen darf nicht verwechselt mit **Regurgitieren** werden! Dabei kommt Futter aus der Speiseröhre zurück, das noch nicht im Magen war. Der Hund macht dabei keine pumpenden Bewegungen, das Futter „fällt einfach heraus" und ist völlig unverdaut und riecht nicht säuerlich. Regurgitieren kann bei Verengung oder Ausweitung der Speiseröhre, angeborenen Missbildungen oder Erkrankungen von Muskeln und Nerven vorkommen. Falls Sie sich nicht sicher sind, ob Ihr Hund erbricht oder regurgitiert, versuchen Sie am besten, ein Video zu machen. Für Ihren Tierarzt ist die Unterscheidung sehr wichtig!

Magenschleimhautentzündung (Gastritis)

Die Anzeichen einer Gastritis können sein: Gras fressen, Erbrechen kurz nach der Futteraufnahme, Erbrechen auf nüchternen Magen, besonders morgens (weißer oder gelblicher Schleim), Unruhe in der Nacht. Auch das Verweigern des Futters und rasch einsetzende Mattigkeit sprechen für eine Gastritis. Häufiges und langandauerndes Erbrechen kann zur Austrocknung und zu Kreislaufversagen führen. Überprüfen Sie die Hautelastizität. Verstreicht die Hautfalte verzögert oder bleibt sie stehen, muss der Hund zum Tierarzt gebracht werden, um Flüssigkeit in Form von Infusionen zu erhalten.

Ursachen: In Frage kommen Fütterungsfehler, Fremdkörper im Magen, verdorbenes Futter (Komposthaufen!), Giftstoffe (z. B. Reinigungsmittel), Allergien, chronische Magen-Darm-Entzündung (IBD), Viren, Bakterien und Parasiten.

Was ist zu tun? Wichtig ist, die Ursache der Gastritis durch den Tierarzt abklären zu lassen und die entsprechende Behandlung einzuleiten. Bis zur Ausheilung sollten Sie die Futterration auf mehrere kleine Rationen aufteilen. Das belastet den Magen weniger. Leichter verdaut wird püriertes Futter, das eiweiß- und fettarm ist, wie Reis- oder Haferschleim mit Hühnerbrust oder Hüttenkäse, oder ein entsprechendes Diätfutter vom Tierarzt. Wichtig: Kein rohes Gemüse und keine Leckerlis füttern!

Größere Hunderassen mit tiefer Brust erkranken leichter an einer Magendrehung. © A. Deutz

Magendrehung

Gehäuft tritt die Magendrehung bei Hunden größerer Rassen auf. Sie kann theoretisch aber bei jedem Hund vorkommen.

Ursachen: Die Ursache ist nach wie vor unbekannt. Wahrscheinlich kommt es durch wiederholtes Aufgasen zu einer Dehnung der Magenbänder. Das Aufgasen kann einerseits durch Luftschlucken passieren (z. B. durch vergebliche Schluckversuche großer Brocken) oder durch Gärung (CO_2). Irgendwann führt das Gas zu einer so starken Dehnung, dass sich der Magenausgang verlagert, wodurch zunächst eine unvollständige Verstopfung des Magenein- und -ausganges entsteht. Danach dreht sich der Magen aus Sicht des Mageneinganges im Uhrzeigersinn, wodurch der Zugang des Magens verschlossen wird. Die Blähung nimmt weiter zu, der gedehnte Magen drückt auch auf die Pfortader, die von der Leber zum Herzen geht. Dadurch sinkt das Herzminutenvolumen, der Blutdruck fällt und die Sauerstoffversorgung nimmt ab. Der im Zuge der Magendrehung mögliche Tod wird durch einen Kreislaufschock verursacht.

Die Symptome können grundsätzlich jederzeit auftreten, oft aber im Liegen oder bei ruhigem Gehen. Die betroffenen Tiere sind unruhig, würgen, speicheln und versuchen erfolglos zu erbrechen. Auffällig ist eine zunehmende Umfangsvermehrung (Aufblähung) des Bauchraumes mit zunehmender Atemnot. Es folgen eine sich rasch steigernde Kreislaufschwäche mit erhöhter Herzfrequenz, schwachem Puls, blassen Schleimhäuten, Taumeln, Zusammenbrechen und Tod.

Was ist zu tun? Infolge der typischen Krankheitssymptome ist eine Diagnosestellung meist einfach. Oft lässt sich eine Vermutungsdiagnose bereits am Telefon stellen. Die Prognose hängt davon ab, wie schnell Sie den Hund in eine entsprechend eingerichtete Praxis bringen können. Magenpunktion, Schockbekämpfung und eine Operation, bei der der Magen an der Bauchwand oder an benachbarten Organen fixiert wird, können das Leben des Tieres retten und die Rückfallquote minimieren.

Folgende Risikofaktoren gelten nach heutigem Wissenstand als prädisponierende Faktoren zur Ausprägung einer Magendrehung: Länge des Hundes sowie Höhe, Breite und Tiefe des Brustkorbes, Geschlecht (Rüden sind anfälliger), Reinrassigkeit (höchstes Risiko: Deutsche Dogge, Weimaraner, Bernhardiner, Gordon Setter und Irish Setter), Größe der Rasse, Alter (Risiko steigt jährlich), Untergewicht, einmal tägliche Fütterung, rasches Fressen, ängstliches Temperament, Stress, sowie Magendrehung bei einem Elternteil, da eine Krankheitsanfälligkeit zur Magendrehung in einem geringen Maße auch erblich ist. Zwischen 20 und 52 % der Fälle bei großen Hunderassen treten im Zusammenhang mit erhöhten Futternäpfen auf (vermehrtes Luftschlucken?).

TIPPS!

So können Sie das Risiko einer Magendrehung senken

- Ob die Art des Futters eine Magendrehung begünstigt oder verhindert, ist nicht bekannt. Auf jeden Fall sollte bei gefährdeten Rassen auf optimale Hygiene geachtet werden: Das bedeutet, dass Sie Futter nicht stehen lassen und Fleisch nicht roh füttern sollten.
- Futtermenge auf mehrere Mahlzeiten aufteilen, nicht erhöht füttern; darauf achten, dass der Hund nicht zu gierig frisst (Anti-Schling-Napf) und keine Luft schluckt (keine großen Fleischbrocken).
- Das Futter sollte keinen Überschuss an Mineralstoffen enthalten, die die Magensäure puffern und damit das Abtöten von Bakterien verhindern.
- Nach dem Füttern sollten Aufregung und Stress vermieden werden – ruhige Spaziergänge sind erlaubt.
- Wichtig: Um einer Magendrehung vorzubeugen, sollten Arbeits- und Jagdhunde nie vor dem Einsatz gefüttert werden.

Durchfall

Durchfall kann auftreten bei (Darm-)Infektionen, Parasitenbefall (Parasitose), Erkrankungen der Verdauungsorgane (z. B. Magen- und Darmentzündungen), im Zuge von allergischen Reaktionen, bei Vergiftungen oder bei Fehlern in der Fütterung (Zusammensetzung des Futters, Fütterungstechnik oder schlechte Futterqualität).

Durchfall und Darmentzündung: Der Hund setzt häufiger Kot ab, der von breiig bis wässrig sein kann. Oft ist der Kot farblich verändert, kann Schleim- oder Blutbeimengungen haben und stinkt ekelerregend. Zeigt der Hund erhöhte Körpertemperatur, ist eine Infektion wahrscheinlich. Bei länger anhaltendem Durchfall kann der Patient „austrocknen“! Überprüfen Sie bei Durchfall immer die Hautelastizität: Bleibt die Hautfalte stehen, ist sofortige tierärztliche Hilfe nötig!

Ursachen: Die Ursachen für Darmentzündungen sind sehr vielfältig. Es können Futterunverträglichkeiten, verdorbenes Futter, Parasiten, Vergiftungen, andere Organerkrankungen, Stoffwechselstörungen, Viren und Bakterien auslösend wirken.

Was ist zu tun? Als Erstmaßnahme lässt man den Hund 24 Stunden lang hungern, achtet aber auf eine ausreichende Flüssigkeitsaufnahme. Sie können zusätzlich löffelweise Kamillen- oder Käsepappeltee eingeben. Hält der Durchfall an oder wirkt der Hund zunehmend matt und teilnahmslos, sollten Sie einen Tierarzt aufsuchen!

Fütterungsbedingte Durchfälle: Fütterungsbedingte Durchfälle treten meistens plötzlich auf und können ebenso rasch wieder verschwinden. Sie verlaufen häufig auch ohne stärkere Beeinträchtigung des Hundes.

Ursachen: Diese Durchfälle werden vor allem durch eine ungenügende Verdauung von Futterinhaltsstoffen (Kohlenhydrate, Eiweiße oder Fette) und damit einhergehenden Fehlgärungen im Dickdarm verursacht.

Was ist zu tun? Als Gegenmaßnahme wird neben einer Änderung der Ration auch die Zugabe pflanzlicher Rohfaser (Weizenkleie, Flohsamenschalen, Zellulose) empfohlen. Sie beschleunigt die Passage des Darminhaltes im Enddarm, bindet Wasser und senkt die Gefahr von Fehlgärungen.

Verdauungsstörungen

In den letzten Jahren sind Futter mit „hohem Fleischanteil" modern geworden (besonders Nassfutter). Meist enthalten sie nur wenig Muskelfleisch, sondern zum Großteil Innereien, darunter auch schwer verdauliche, wie Lunge, Euter, Kehlkopf oder Schlund. Solche Futter führen häufig zu Verdauungsstörungen, besonders wenn der Hund außerdem ein hektisches oder ängstliches Temperament hat (häufig bei Vorsteh- oder Hütehunden). Hier kann es schon helfen, das Dosenfutter mit ballaststoffreichen Kohlenhydraten (Haferflocken) zu strecken. Hochwertige (Diät-) Futter vom Tierarzt oder selbst zubereitetes Futter sind besser verdaulich.

Als Auslöser von Verdauungsstörungen darf man außerdem Leckerlis und Kausnacks, wie getrocknete Lunge, Ohren, Sehnen, Ziemer oder Kopfhaut, nicht vergessen. Diese bestehen aus Knorpel und Bindegewebe und sind sehr schwer verdaulich. Oft reicht schon das Weglassen dieser Futtermittel, um die Verdauungsstörungen zu beheben. Aber auch Fehler in der Fütterungstechnik können zu einer unvollkommenen Verdauung beitragen, ebenso wie physische Einflüsse (Erschöpfung, Überhitzung) oder psychischer Stress (Angst oder Aufregung), indem die Bildung von Verdauungssekreten gehemmt bzw. die Futterpassage beschleunigt wird.

Durchfall hat unterschiedlichste Ursachen. Die Fütterung ist häufig daran beteiligt.

Durch unverträgliche Futtermittel ausgelöste Verdauungsstörungen treten meistens plötzlich auf und verschwinden ebenso rasch wieder, wenn die belastende Nahrung abgesetzt wird. Im Gegensatz dazu sind Durchfallerkrankungen, die durch Infektionen oder Intoxikationen bedingt sind, mit schweren allgemeinen Symptomen (wie Erbrechen, Kreislaufversagen, fieberhaften Temperaturen) verbunden. Durch eine Insuffizienz des Verdauungskanals verursachte Verdauungsstörungen beginnen allmählich und verlaufen chronisch. Parasitär verursachte Störungen sind im Allgemeinen durch eine Kotanalyse leicht abzuklären.

Durchfälle sind aber auch bei stressanfälligen oder ängstlichen Hunden möglich, ebenso wie bei erschöpften Hunden, die ohne Erholungszeit größere Futtermengen aufnehmen. Ursache in diesen Fällen ist die zu geringe Bildung von Verdauungssäften oder die allzu rasche Darmpassage des Futters. Schlussendlich kann Durchfall, ebenso wie Hautkrankheiten auch, durch Futtermittelunverträglichkeiten bzw. Allergien auftreten, was aber tierärztlich abzuklären ist.

Verstopfung

Der Kot ist sehr hart und wird schwer, in kleinen Mengen, manchmal mit Schleim oder Blut bedeckt, oder gar nicht abgesetzt. Dauert die Verstopfung länger an, wird der Bauch aufgetrieben und hart, der Hund wird teilnahmslos, frisst nicht und beginnt zu erbrechen.

Ursachen: Eine mögliche Ursache ist das Verfüttern von größeren Mengen von Knochen. Aber auch sehr gut verdauliches Futter ohne Ballaststoffe kann zu hartem Stuhl führen. Außerdem können Fremdkörper, Prostatavergrößerung, Tumore, Nervenstörungen, Dammbruch, zu wenig Bewegung und Medikamente eine Verstopfung bewirken.

Was ist zu tun? Liegt die Ursache an einer ballaststoffarmen Ration, kann das Zufüttern von Leinsamen, Flohsamen oder Zellulose die Kotkonsistenz verbessern. Als Therapie werden abführende Futterzusätze und krampflösende Medikamente eingesetzt, Einläufe zum Aufweichen des Kotes verabreicht, der Kot ausmassiert und im Extremfall muss operiert werden.

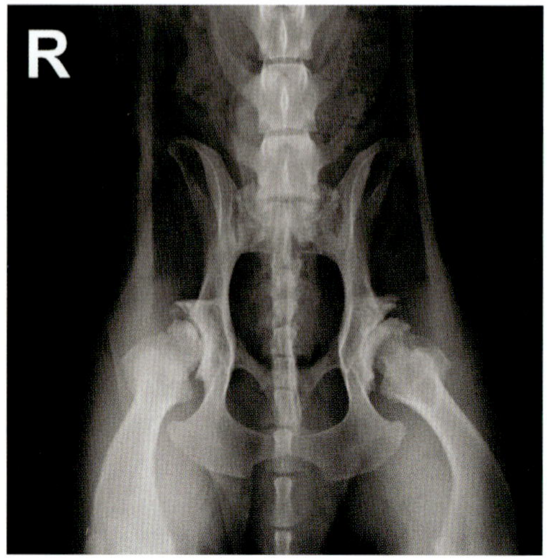

Röntgenaufnahme einer hochgradigen Hüftgelenksdysplasie. Falsche Fütterung kann dazu beitragen! © A. Deutz

Darmverschluss

Der Darmverschluss ist eine lebensbedrohende Erkrankung, die mit unstillbarem Erbrechen, Futterverweigerung, schmerzhaftem Bauch und fehlendem Kotabsatz einhergeht.

Ursachen: Eine häufige Ursache des Darmverschlusses ist vor allem bei Welpen und Junghunden das Verschlucken von Spielzeug, aber auch unverdaute Knochen können zu Darmverschluss führen. Bei langanhaltendem Durchfall kann es zu einer Verschlingung oder auch Invagination (Einstülpung) des Darmes kommen.

Was ist zu tun? Bei diesem Krankheitsbild ist eine sofortige Operation vonnöten.

Hüftgelenksdysplasie (HD)

Die Hüftgelenksdysplasie ist eine Fehlentwicklung des Hüftgelenkes mittelgroßer bis großer Hunde. Es kommt zu einer Abflachung der Hüftgelenkspfanne und zu einem unregelmäßig geformten Oberschenkelkopf. Die Beschwerden können bereits bei vier bis acht Monate alten Tieren auftreten, je nach Schweregrad der Veränderungen: „watschelnder Gang", Lahmheit, Schwierigkeiten beim Aufstehen, Stiegen steigen, und Schmerzen im Hüftgelenk bei passiver Bewegung. Bei wenig ausgebildeter HD treten die Symptome erst nach einigen Lebensjahren auf.

Ursachen: Die Veranlagung zur Ausbildung einer HD ist erblich. Einzelne Rassen sind besonders stark betroffen, darunter Golden Retriever und Labrador Retriever. Umwelteinflüsse, wie Ernährung und Haltung, führen zur Ausbildung der Fehlentwicklung. Hier werden vor allem zu rasche Gewichtszunahme im ersten Lebensjahr und Überbelastung diskutiert.

Was ist zu tun? Die Diagnose wird durch eine Röntgenaufnahme gestellt. In leichten Fällen werden entzündungshemmende Medikamente verabreicht, die Ernährung muss optimiert und die Bewegung eingeschränkt werden. Hunde, die zur Zucht eingesetzt werden sollen, werden vor dem Zuchteinsatz auf HD untersucht.

ÜBERGEWICHT IST EINE KRANKHEIT

Bei Menschen wird Übergewicht schon längst als Epidemie bezeichnet. Auch bei Hunden stieg die Häufigkeit in den letzten Jahren – die neuesten Studien sprechen von 40–60 %. Das bedeutet, fast jeder zweite Hund ist übergewichtig! Da Abnehmen mühsam ist, sollten Sie am besten vermeiden, dass Übergewicht überhaupt entsteht.

Fettgewebe ist nicht nur „tote Masse", es erzeugt im Köper einen Status chronischer Entzündung, und die negativen Folgen (auf die Gelenke, das Herz-Kreislaufsystem, die Atmung, das Immunsystem...) sind vielfach dokumentiert. Das geht so weit, dass die Lebenserwartung von dicken Hunden gegenüber schlanken Artgenossen deutlich reduziert ist.

Die Ursache von Übergewicht ist einfach zusammengefasst: Der Körper nimmt mehr Energie auf als er verbraucht. Die Faktoren, die das begünstigen, sind ebenso klar: Kastration (denn das Wegfallen der Geschlechtshormone beeinflusst auch den Energiehaushalt), wenig Bewegung und natürlich vor allem zu viel und falsches Futter – vor allem Futterbelohnungen und Tischreste, denn die sind oft sehr kalorienreich, und der Hundebesitzer verliert den Überblick, was der Hund tatsächlich alles bekommen hat.

Gewisse Rassen (Labrador, Beagle, Basset, Cocker Spaniel) wurden immer wieder als besonders gefährdet für Übergewicht bezeichnet, und Erfahrungen aus der Praxis bestätigen das. Bei Labradoren steht eine Mutation eines Gens mit einer Neigung zu Übergewicht und Futtermotivation in Zusammenhang (entdeckt im Rahmen des Projektes GODogs von E. Raffan und Kolleginnen). Sie wurde vor allem bei Labradoren gefunden, die als Begleit- oder Assistenzhunde genutzt wurden. Anscheinend fand hier mit der Zucht auf „Trainierbarkeit" durch Futtermotivation unabsichtlich eine Selektion auf diese Genveränderung statt. Diese Hunde haben darum wirklich kein Sättigungsgefühl.

Eine gefährliche Entwicklung ist auch unser „Idealbild" einiger Rassen, bei denen zunehmend „schwere Typen" bevorzugt werden, wie bei Molossern, Beagles, Bassets oder Labrador-Showlinien. Das ist eindrucksvoll sichtbar, wenn man alte Fotos dieser Rassen mit heutigen Hunden vergleicht. Der holländische Ernährungsexperte Ronald Corbee fand 2011 bei der größten holländischen Hundeausstellung 20 % übergewichtige Hunde. Am schlimmsten traf es die Rassen Neufundländer, Mops, Berner Sennenhund, Chow Chow, Australischer Schäferhund (Kelpie), Riesenschnauzer und Englische Bulldogge.

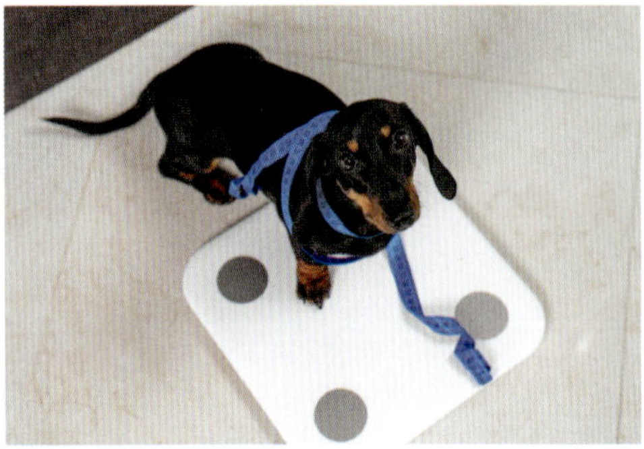

Regelmäßiges Wiegen hilft Ihnen, das Gewicht Ihres Hundes im Blick zu behalten.

© Masarik/shutterstock.com

Abnehmen nach Plan

Ein Plan zum Abnehmen beginnt damit, das Idealgewicht bzw. das Zielgewicht für die Diät zu ermitteln. Denn danach richtet sich die täglich erlaubte Kalorienzufuhr. Damit der Hund abnimmt, muss die Futtermenge für das Idealgewicht nochmals reduziert werden – denn der Körper muss ja in einen Energiemangel kommen, um Fettreserven abzubauen. Dazu ist es nötig, den Energiebedarf für das Idealgewicht um 40–50 % zu reduzieren.

Zum Abnehmen gibt es folgende Möglichkeiten der Fütterung:

- Friss die Hälfte – kurz: „fdH" – also gleiches Futter, aber Reduktion der Menge
  - Vorteile: kein Futterwechsel, Hund bekommt sein gewohntes Futter – besonders vorteilhaft bei mäkeligen Hunden oder Allergikern
  - Nachteile: durch die geringe Menge kann es zu Hungerfühl beim Hund (und dadurch zu unerwünschtem Verhalten, wie Betteln oder Stehlen) und einer Unterversorgung mit Nährstoffen (vor allem Eiweiß) kommen. Dem kann man begegnen, indem man hochwertiges Protein (mageres Fleisch, Topfen, Eiweiß) und Ballaststoffe (Flohsamen, Zellulose) ergänzt.
- Diätfutter
  - Vorteile: Spezielle Diätfutter zur Gewichtsreduktion vom Tierarzt enthalten weniger Kalorien, dafür mehr hochwertiges Eiweiß, andere Nährstoffe und vor allem Ballaststoffe, sodass man bei gleichem Kaloriengehalt deutlich mehr davon füttern kann. Das verbessert das Sättigungsgefühl des Hundes – und das Gewissen des Besitzers, da es im Napf nicht gar so „leer" aussieht.
  - Nachteile: durch den hohen Ballaststoffgehalt mehr Kot; für Allergiker nicht geeignet
- Kochen/Barfen
  - Vorteile: wer das Futter selbst zubereitet, ist gezwungen, sich mit Menge und Nährwert auseinanderzusetzen, und lernt dadurch den Bedarf seines Hundes besser kennen. Da man alle Zutaten abwiegen/abmessen muss, ist die Versuchung, „ein bisschen mehr" zu geben, nicht so groß. Gut geeignet sind mageres Fleisch (Putenbrust) oder Fisch, fettarme Milchprodukte, Gemüse (Gurken, Zucchini, Blattgemüse); Kohlenhydrate können auch ganz weggelassen werden.
  - Nachteile: aufwändig; auf Dauer Gefahr der Unausgewogenheit – unbedingt eine Ernährungsberatung in Anspruch nehmen!

Vertrauen Sie nicht auf „light" Futter! Begriffe wie „light", „kalorienreduziert", etc. sind nicht gesetzlich geschützt, sondern reine Werbeaussagen! In vielen Fällen ist der Unterschied zwischen einem „light" und einem „normalen" Futter zu gering, sodass der Hund bei gleicher Futtermenge damit nicht abnimmt. Es kann sogar sein, dass das „light" Futter eines Herstellers mehr Energie enthält als ein Futter ohne diese Bezeichnung eines anderen Herstellers. Der Energiegehalt muss übrigens gesetzlich verpflichtend nur bei Diätfutter zum Abnehmen angegeben werden. Es gibt jedoch die Möglichkeit, den Energiegehalt anhand der Nährwertangaben auszurechnen (siehe Seite 16). Im Zweifelsfall kann Ihnen Ihr Tierarzt dabei helfen.

Tipps & Tricks

Mit einigen Kniffen können Sie sich und Ihrem Hund das Abnehmen erleichtern:

- Wiegen Sie das Futter immer! Messbecher für Trockenfutter sind zu ungenau und führen sehr leicht zu einer Überdosierung.
- Füttern Sie, wenn möglich, mehrere kleine Mahlzeiten, dann wird der Hunger nicht so groß.
- Kaufen Sie einen kleineren Napf, dann sieht das Futter nach „mehr" aus.
- Überlegen Sie, zumindest für die Dauer der Diät auf Nassfutter umzusteigen (Dosen oder Kochen) – von Nassfutter kann drei- bis viermal mehr gefüttert werden, und Wasser füllt den Magen ohne Kalorien.
- Wiegen Sie den Hund regelmäßig, wenn möglich immer auf derselben Waage. Kleine Hunde kann man auch in Tasche oder Körbchen wiegen – oder Sie steigen mit dem Hund auf dem Arm auf die Waage. Ist Ihr Hund zu schwer für eine Personenwaage, lässt Sie vielleicht Ihr Tierarzt seine Tierwaage benutzen. Auch in vielen großen Zoogeschäften gibt es bereits Hundewaagen.
- Notieren Sie das Gewicht; messen sie aussagekräftige Körpermaße, z. B. den Brust- und Bauchumfang, um sich zu motivieren.
- Scheuen Sie sich nicht, einen Tierarzt zu kontaktieren, wenn es nicht klappt.

Besser kontrolliert als radikal

Theoretisch könnte man einen Hund auf eine „Crash-Diät" setzen mit wenig oder gar keinem Futter – Hunde kommen mit Nahrungsentzug besser zurecht als wir Menschen, ihr Stoffwechsel ist auf Ausdauer programmiert. Doch auch bei Hunden gibt es den gefürchteten „Jo-Jo-Effekt" – nach einer Phase des Hungerns lagert der Körper umso effizienter Fett ein. Das konnte auch in wissenschaftlichen Studien bestätigt werden. Hunde, die übergewichtig waren und abgenommen hatten, benötigten weniger Kalorien, um ein bestimmtes Übergewicht wieder zu erreichen, als Hunde, die zuvor schlank waren und erstmals zunahmen.

Außerdem soll ein Abnehmprogramm nicht nur vorübergehend sein, sondern dazu dienen, dass die Hundebesitzer lernen, wie viel der Hund tatsächlich an Futter benötigt, um die schlanke Figur dann auch zu behalten. Deswegen gilt, dass langsames Abnehmen besser ist.

HINWEIS!

Eine Faustregel besagt, dass ein Hund ca. 1–2 % seines Gewichtes pro Woche verlieren sollte. In den ersten zwei bis vier Wochen geht es rascher, dann muss die Kalorienzufuhr meist nochmals etwas reduziert werden.

Bewegung ist gut – aber nicht alles

Wer an „Abnehmen" denkt, denkt automatisch auch an Sport – zu Recht. Bewegung ist wichtig, um Muskelmasse zu erhalten bzw. aufzubauen, denn Muskelmasse stützt die Gelenke und hat außerdem einen höheren Grundumsatz – ein muskulöser Hund verbraucht auch in Ruhe mehr Kalorien.

Man darf aber nicht erwarten, dass ein Hund alleine durch einen zehn Minuten längeren Spaziergang abnimmt – Bewegung verbraucht weniger Kalorien als man denkt. Wesentlich wichtiger ist eine Reduktion der Kalorienaufnahme übers Futter! Das bedeutet auch, dass ein gesundheitlich eingeschränkter Hund, der nicht viel Bewegung machen kann oder darf, sehr wohl erfolgreich abspecken kann.

Vor allem muss der Sport an das Alter und den Gesundheitszustand des Hundes angepasst sein. Gleichmäßiges Gehen oder Traben belastet die Gelenke am wenigsten. Wer sich unsicher ist, welche Bewegung seinem Hund guttun könnte oder besser zur vermeiden ist, lässt sich am besten von einem Tierarzt beraten, der auf Sportmedizin oder Physiotherapie spezialisiert ist.

Belohnen verboten?!

Zu viele Leckerlis, Kausnacks und Happen „nebenbei" sind der größte Risikofaktor für Übergewicht. Oft handelt es sich um Angewohnheiten und Rituale, dass der Hund in gewissen Situationen (wenn er alleine bleiben soll, beim gemeinsamen Sonntagsbrunch...) „etwas bekommt".

Bewegung unterstützt das Abnehmen. Dennoch ist es entscheidend, die tägliche Energiezufuhr zu reduzieren. © ART_Photo_DN/shutterstock.com

Futterbelohnungen ganz zu streichen, ist zwar ein ambitionierter Vorsatz, der aber meist nicht eingehalten werden kann. Überlegen Sie sich besser, in welchen Situationen Sie Belohnungen wirklich „brauchen" – am besten, Sie führen über einige Tage ein Tagebuch, was der Hund wann bekommt und wie viel. Gerade bei den Belohnungen kann gut eingespart werden – vor allem müssen sie in die erlaubte Tagesration einberechnet werden.

- Stellen Sie einen Teil des Futters morgens als Leckerli beiseite. Das geht besonders gut mit Trockenfutter.
- Greifen Sie zu kalorienärmeren Alternativen – gerade die beliebten getrockneten Happen und Kausnacks sind wahre „Kalorienbomben". So entspricht getrocknetes Fleisch von seinem Nährwert her der drei- bis vierfachen Menge an frischem Fleisch! Obst und Gemüse, Magertopfen oder Hüttenkäse, gekochte Nudeln oder Kartoffeln (z. B. als Chips im Backofen ohne Fett gebacken) sind gute Alternativen. In Tabelle 3 auf Seite 22 finden Sie einen Vergleich beliebter Leckerlis.
- Auch zum Kauen gibt es Möglichkeiten, z. B. Spielzeuge (wie Kong) gefüllt mit Topfen oder Joghurt, im Sommer auch gefroren. Manche Hunde kauen auch gern hartes Gemüse (z. B. Karotten).

Vorbeugen ist besser

Wie schwer es ist, abzunehmen, wissen viele Menschen aus leidvoller Erfahrung. Deswegen ist die Vorbeugung so wichtig!

- Wiegen Sie Ihren Hund regelmäßig, auch wenn er gesund und schlank ist, und notieren Sie sich das Gewicht, um auch kleine Änderungen zu bemerken. Da Sie Ihren Hund ja jeden Tag sehen, fallen Ihnen kleine Veränderungen oft nicht auf.
- Die Fütterungsempfehlungen der Herstel-

ler von Fertigfutter sind meist für aktive, nicht kastrierte Hunde – und natürlich ohne einberechnete Leckerli. Lesen Sie daher genau den Verwendungszweck (für erwachsene/kastrierte/ältere...Hunde) und reduzieren Sie die Mengen, wenn Sie zusätzlich Belohnungen und Kausnacks geben.

- Schon Welpen sollten immer idealgewichtig sein. Überfütterung führt nicht nur zu Wachstumsschäden; übergewichtige Welpen werden häufig dicke Erwachsene (schon deswegen, weil die Besitzer nie gelernt haben, was die richtige Futtermenge ist).
- Die Kastration ist ein großer Eingriff in den Hormon- und Energiehaushalt – danach kann der Energiebedarf 20–30 % geringer sein! Das fällt im wahrsten Sinne des Wortes besonders stark ins Gewicht, wenn ein Hund im mittleren Alter erst kastriert wird. Reduzieren Sie daher nach einer Kastration unbedingt die Futtermenge!
- Hinterfragen Sie kritisch, welche Leckerlis Sie wirklich „brauchen". Während ein junger Hund in der Ausbildung noch viel motiviert werden muss, braucht ein erwachsener Hund nicht mehr ständig Belohnungen für „Routineaufgaben". Überlegen Sie, wie Sie Kalorien sparen können und greifen sie zu kalorienärmeren Alternativen (siehe Seite 22).
- Sollte Ihr Hund unerklärlich ab- oder zunehmen, gehen Sie zum Tierarzt. Es gibt auch Krankheiten, die den Energiehaushalt beeinflussen.

Häufige Missverständnisse zum Thema Übergewicht

„Kohlenhydrate sind leere Kalorien"

Getreideprodukte, Kartoffeln oder Nudeln werden gern als „Dickmacher Nr. 1" bezeichnet – das ist so nicht richtig, denn sie enthalten wesentlich weniger Kalorien als Fett und außerdem auch Ballaststoffe, Mineralstoffe und Vitamine.

Es ist richtig, dass man auf Kohlenhydrate in der Hundeernährung weitgehend verzichten kann. Das bedeutet aber nicht, dass ein Hund nicht auch mit einem kohlenhydrathältigen Trockenfutter abnehmen kann – wichtig ist dabei allerdings, dass die anderen Nährstoffe, vor allem Protein, ausreichend zur Verfügung stehen.

„Gebarfte Hunde können nicht dick werden"

Auch wenn beim Barfen meist auf Kohlenhydrate verzichtet wird, bedeutet das nicht, der Hund kann „fressen so viel er will". Leider werden Barf-Pläne meist nach Faustregeln berechnet, nicht nach dem tatsächlichen Nährstoffbedarf, und so bekommt man manchmal Angaben für einen „Fleischanteil", ohne Richtwerte, wie genau dieses Fleisch beschaffen sein soll. Ein fettes Fleisch mit rund 20 % Fett hat dabei schon etwa doppelt so viel Kalorien wie ein mageres mit 3–5 % Fettanteil. In Barf-Läden bekommt man oft sehr fette Schlachtabschnitte mit 30 oder sogar 40 % Fett – das erklärt natürlich, warum ein Hund auch mit einem „korrekt eingehaltenen Futterplan" zunehmen kann. Zum Abnehmen reicht es da oft schon, auf mageres Fleisch umzustellen (siehe Seite 80) und zusätzliche Fettgaben auf ein Minimum zu beschränken.

„Kastrierte Hunde werden eben dick"

Das Wegfallen der Geschlechtshormone hat auch Auswirkungen auf den Energiehaushalt. Kastrierte Hunde benötigen bis zu 30 % weniger Energie als nicht kastrierte unter gleichen Haltungsbedingungen. Das bedeutet aber auch, dass sie nur dann zunehmen, wenn sie diese 30 % zu viel auch bekommen. Auch ein kastrierter Hund wird abnehmen, wenn die Energiezufuhr den Bedarf unterschreitet.

„Im Alter zahlt sich eine Diät nicht mehr aus"

Mittleres Alter gilt als Risikofaktor für Übergewicht, denn einerseits nimmt die spontane Bewegungslust ab, anderseits wird Muskelmasse abgebaut und der Körperfettanteil steigt. Dadurch sinken der Grundumsatz und damit der Energiebedarf. Trotzdem kann auch ein älterer Hund noch abnehmen! Und das ist absolut sinnvoll, denn viele „Alterserscheinungen", wie Gelenkschmerzen, werden durch Übergewicht verschlimmert. Häufig berichten Besitzer, dass der abgespeckte Hund plötzlich wieder „wie ein Junger" läuft, spielen möchte und deutlich „verjüngt" wirke.

„Ich möchte meinen Hund nicht quälen"

„Diät halten" wird von uns Menschen häufig mit Qual und Verzicht verbunden – und wir übertragen, dass der Hund auch leide, wenn er nicht seine gewohnten Leckerlis bekommt. Bettelnden Hundeaugen zu widerstehen, mag momentan schwer sein – wer seinen Hund überfüttert, schadet ihm jedoch dauerhaft und verkürzt seine Lebenserwartung! Leckerlis sind ja nicht verboten – man sollte nur sowohl die Menge als auch die Art überdenken.

Die Belohnung zwischendurch ist auch während der Diät erlaubt – es kommt nur auf die richtige Auswahl an! © Maya Shustov/shutterstock.com

HILFE! MEIN HUND FRISST KOT

Unter „Kotfressen“ (Koprophagie) wird das Fressen von Kot anderer Artgenossen oder auch des eigenen sowie das Fressen von Kot anderer Tierarten verstanden. Da es sich beim Kotfressen um eine für uns Menschen höchst unappetitliche Angewohnheit handelt, beeinträchtigt es das Verhältnis zwischen dem Hundehalter, der Familie und dem Hund sehr.

Das Aufnehmen von Kot ist nicht nur unappetitlich, sondern birgt auch ein entsprechendes Infektionsrisiko (Parasiten, Bakterien). Zu den Ursachen dieser Gewohnheit gibt es mehrere Erklärungen, die von einem Befall mit Endoparasiten oder Mineralstoffmangel bis zu Verhaltensstörungen reichen. Hündinnen fressen natürlicherweise den Kot ihrer jungen Welpen.

Ursachen: Kotfressen kommt vor allem bei Hündinnen vor, häufiger ist das Kotfressen auch in der Zwingerhaltung oder bei schlechten hygienischen Verhältnissen sowie bei Hunden zu beobachten, die viel alleine sind. Ein Grund kann auch sein, dass der Hund das Verhalten aus der Welpenphase übernommen hat, wo er seine Mutter bei der Aufnahme von Welpenkot beobachtete. Langeweile, ungelöste Konfliktsituationen, Hochleistungssport oder zu wenig Beachtung können ebenfalls als Auslöser wirken. Eine weitere Ursache sind Haltungsprobleme, wie mangelnde Reinigung des Zwingers oder die Haltung auf zu engem Raum ohne Strukturierung der Umgebung. Auch medizinische Ursachen kommen als Auslöser in Frage, wenn auch selten. Dazu zählen Parasitenbefall, Magen-Darm-Erkrankungen, oder unerwünschte Nebenwirkungen von Medikamenten. In einigen Fällen kann keine Ursache gefunden werden. Letztendlich gehören Kot und Aas zum natürlichen Nahrungsspektrum von Wildhunden.

Erklärungen für Kotfressen gehen von einem Befall mit Endoparasiten über Mineralstoffmangel bis zu Verhaltensstörungen. Hündinnen fressen natürlicherweise den Kot ihrer jungen Welpen.
© A. Deutz

Was ist zu tun? Die Behandlung des Kotfressens kann sehr schwierig und vor allem langwierig sein, überhaupt in jenen Fällen, in denen die Ursache eine Verhaltensstörung ist. So gibt es Hunde, die bemerkt haben, dass der Besitzer sofort auf das Kotfressen reagiert. Diese Hunde versuchen dann über dieses Verhalten die Aufmerksamkeit des Besitzers zu erlangen. In solchen Fällen ist es wichtig, das Vertrauensverhältnis zu stärken, den Hund ausreichend zu beschäftigen und zu bewegen. Ein älteres „Hausmittel“ gegen Kotfressen ist das „Würzen“ von abgesetztem Kot im Garten oder Auslauf mit scharfen Gewürzen (z. B. Pfeffer), wodurch beim nächsten Kotfressen sowohl der Geruchs- als auch der Geschmackssinn irritiert werden. Ein weiterer Behandlungsversuch kann mit der Umstellung der Futterration versucht werden. Bei manchen Hunden kann man das Verlangen nach etwas „Stinkendem“ durch stark riechenden Käse (Quargel) befriedigen.

VERGIFTUNG BEIM HUND – WAS TUN?

Vergiftungen durch Mäuse-/Rattengift, Putzmittel, Umweltgifte, ungeeignete Nahrungsmittel (Schokolade, Birkenzucker) und Frostschutzmittel kommen bei Hunden immer wieder vor. In solchen Fällen entscheidet das Verhalten des Hundeführers häufig über Leben und Tod des Hundes.

Pflanzenschutzmittel und Pestizide können bei Hunden eine Vergiftung auslösen. Nehmen Sie Warnhinweise ernst! © teh_z1b/shutterstock.com

Die Diagnose „Vergiftung" kann nur gestellt werden, wenn die Giftaufnahme beobachtet oder das entsprechende Gift nachgewiesen wird und die klinischen Symptome für diese spezifische Vergiftung sprechen. Bei akut auftretenden Erkrankungen wird von Hundebesitzern häufig der Verdacht „Vergiftung" geäußert, der sich bei genauer Untersuchung aber als Nierenversagen, akute Nieren- oder Leberentzündung, Magen- oder Darmentzündung, Darmverschluss, Magendrehung oder Ähnliches herausstellt. Nur sehr selten fallen Hunde beabsichtigten Vergiftungen zum Opfer, die Hauptursachen sind menschliche Fahrlässigkeit und Unwissen.

Bei der Vielfalt der Vergiftungsursachen und -möglichkeiten und wegen der selten eindeutigen Symptomatik ist jedoch die Diagnosestellung schwierig und jeder vermeintlich noch so unwichtige Hinweis für den Tierarzt wertvoll. Als Ursachen kommen neben Rodentiziden (Mäuse-/Rattengift) auch Pflanzenschutzmittel und Pestizide, Putz- und Frostschutzmittel, Umweltgifte, pflanzliche und tierische Gifte oder Arzneimittel in Frage. Gifte gelangen durch Fressen, über die Haut, übers Einatmen oder durch den Biss eines giftigen Tieres in den Körper.

Rasches Handeln notwendig

Bei Vergiftungsverdacht ist rasches Handeln wichtig, da viele Gifte schnell wirken. Wenn möglich, sollte der Tierarzt schon am Telefon darüber informiert werden, um welches Gift es sich handelt. Bringen Sie gegebenenfalls die Substanz, die Verpackung und den Beipackzettel zum Tierarzt mit. und versuchen Sie abzuschätzen, wie viel der Hund von der giftigen Substanz voraussichtlich aufgenommen hat. Wichtig sind auch der Zeitpunkt der Aufnahme und die Schilderung der bisher aufgetretenen Symptome.

Bei unbekannter Vergiftungsursache sind die Diagnosestellung und die Behandlung schwierig, da viele Möglichkeiten in Frage kommen. In solchen Fällen kann die Erstversorgung über eine symptomatische Therapie nur die Vitalfunktionen sichern und eine weitere Giftaufnahme über Darm oder Haut unterbinden. Zur Verhinderung der weiteren Resorption eines Giftes dienen zur Entgiftung Brech- und Abführmittel, Magenspülung, resorptionshemmende Mittel (in Abhängigkeit vom Gift zum Beispiel Aktivkohle, Milch, Paraffinöl, Tannalbin), chemische Reaktionen (Oxydation, Reduktion, Ausfällung, Verdrängen von Zellen, usw.) und Einläufe sowie bei äußerlichem Kontakt sehr gründliches Reinigen von Haut und Fell sowie Scheren. Kann anhand von Symptomen und Untersuchungen auf ein bestimmtes Gift geschlossen werden, dann ist es bei einigen Giften möglich ein spezifisches Gegenmittel (Antidot) einzusetzen.

Verschiedenste Symptome

Symptome, die auf eine Vergiftung hindeuten sind:

- Bewusstlosigkeit, Erregung, Muskelzittern, Krämpfe,
- Lähmungen (z. B. durch Organophosphate, Metaldehyd, chlorierte Kohlenwasserstoffe, Ethylenglykol, Strychnin oder Schlangenbiss),
- Pupillenverengung (z. B. durch Organophosphate), Pupillenerweiterung (Metaldehyd, Atropin oder Strychnin),
- starkes Speicheln (Organophosphate, Thallium, Metaldehyd, Ethylenglykol, Säuren, Laugen, Arsen oder Strychnin),
- Erbrechen und Durchfall (Organophosphate, Thallium, Metaldehyd, Ethylenglykol),
- „Blaufärbung“ von Zunge und Schleimhäuten durch Sauerstoffmangel und Atemnot (Organophosphate, Metaldehyd, Kohlenmonoxid und Östrogene),
- hohes Fieber (Metaldehyd oder Kohlenmonoxid),
- Blutungen, Blutgerinnungsstörungen, Anämie (Cumarine, Östrogene oder Schwermetalle),
- Leibschmerzen oder Krämpfe (Organophosphate, Thallium, Säuren, Laugen oder Arsen).

Erbrechen kann ein Hinweis auf eine Vergiftung sein. © Mumemories/shutterstock.com

Ratten- und Mäusegift (meist Cumarinderivate) sind eine relativ häufige Vergiftungsursache bei Hunden. Gefährlicher als das einmalige Fressen eines vergifteten Nagers ist die wiederholte Aufnahme selbst kleiner Giftmengen durch das Annehmen von unachtsam an für den Hund zugänglichen Orten ausgelegten Giftködern. Cumarine wirken blutgerinnungshemmend und führen zur Schädigung der Blutgefäßwände und damit zu Blutungen im gesamten Körper. Erste Vergiftungssymptome nach einigen Tagen sind Mattigkeit, verwaschene oder blasse Schleimhäute, Blutungen aus allen Körperöffnungen, erhöhte Herzfrequenz, schwacher Puls und Atemnot. Das Tier zeigt keine Schmerzen. Bei rechtzeitiger Diagnose können Cumarin-Vergiftungen neben der Notfallbehandlung durch Vitamin-K-Gaben behandelt werden, zusätzliche Bluttransfusionen sind möglich. Das relativ neue Nagergift Alpha-Chloralose ist eine Mischung aus Traubenzucker (Glukose) und Chloralhydrat, einem starken Schlafmittel. Im Gegensatz zu Cumarin wirkt Alpha-Chloralose sofort nach der Einnahme (30 Minuten bis vier Stunden). Symptome einer Vergiftung sind: Benommenheit, Unterkühlung, verlangsamter Herzschlag, verengte Pupillen, schwankender Gang, Zittern, Krämpfe. Eine Vergiftung ist lebensgefährlich, gehen Sie so rasch wie möglich zum Tierarzt!

Schneckengift (Schneckenkorn) enthält meist Metaldehyd, das wegen seines süßen Geschmackes von Hunden immer wieder aufgenommen wird. Erste Vergiftungssymptome, wie starker Speichelfluss, Erbrechen, Unruhe und Koordinationsstörungen, können schon nach 30 Minuten auftreten; Durchfall, Atemnot, hohes Fieber, Zittern, Krämpfe, Lähmungen und schließlich Bewusstlosigkeit folgen. Da es kein Gegengift gibt, ist die möglichst schnelle Entgiftung lebensnotwendig. Bereits der Hundebesitzer sollte den Fang des Hundes kontrollieren und noch im Fang befindliches Gift entfernen.

Schädlingsbekämpfungs- und Unkrautvertilgungsmittel (häufig Organophosphate, wie E605) führen bei Aufnahme zur Schädigung des Nervensystems. Vergiftungssymptome (Pupillenverengung, Speichelfluss, Erbrechen, Durchfall, Kolik, Harnabsatz, Verlangsamung des Herzschlags, Blutdruckabfall) können bereits 30 Minuten nach der Giftaufnahme auftreten. Später führt die Vergiftung zu Atemnot durch Veränderungen in der Lunge (Bronchokonstriktion und -sekretion), Muskelzittern und schließlich zum Koma mit Atemlähmung. Es muss so schnell wie möglich gehandelt werden. Neben einer intensiven Notfallbehandlung ist der Einsatz eines spezifischen Gegenmittels (Atropin) lebensrettend.

Bei **Insekten- und Holzschutzmitteln** (häufig organische Kohlenwasserstoffverbindungen) können Vergiftungen auch bei Hautkontakt (Resorption über die Haut) entstehen. Meist wird ein Teil des Mittels durch Ablecken aufgenommen. Klinische Symptome nach wenigen Stunden sind Durchfall,

Hunde fressen Schneckengift oft, weil es süß schmeckt. Erste Symptome treten schon nach einer halben Stunde auf! © Fabrizio Misson/shutterstock.com

Fieber, Koordinationsstörungen, gesteigerte Reaktion auf äußere Reize, Muskelzuckungen und Krämpfe. Da es kein spezifisches Gegenmittel gibt, kann die Notfallbehandlung nur die weitere Resorption des Giftes durch Maßnahmen wie Abwaschen, Magenspülung und Abführmittel verhindern und symptomatisch wirken.

Frostschutzmittelvergiftungen treten naturgemäß besonders im Winter auf. Das meist enthaltene Ethylenglykol wird wegen seines süßen Geschmacks gerne aufgenommen. Die bereits nach einer halben Stunde möglichen Vergiftungssymptome sind Erbrechen, Benommenheit, Krämpfe, Untertemperatur und schließlich Koma. Bei akuten Vergiftungen tritt der Tod durch Herzversagen ein, bei chronischen Vergiftungen durch Nierenversagen. Eine Behandlung muss innerhalb weniger Stunden nach der Giftaufnahme erfolgen.

HINWEIS!

Vergiftungserscheinungen können auch durch für Hunde giftige Lebensmittel hervorgerufen werden (siehe Seite 87).

Erdkröten besitzen Giftdrüsen, die Hunden gefährlich werden können.

Vorbeugen ist besser als Heilen

Vorbeugend ist wesentlich, dass giftige Substanzen nicht leichtfertig oder fahrlässig gehandhabt werden. Pestizide, Chemikalien, Putzmittel, Medikamente und sonstige gefährliche Substanzen müssen nicht nur für Kinder, sondern auch für Haustiere unerreichbar (z. B. Giftschrank) aufbewahrt werden. Für Haustiere und auch für die Umwelt besser wäre überhaupt der weitgehende Verzicht auf Giftstoffe.

Erdkröten und Feuersalamander sind giftig für Hunde

Beiträge in sozialen Netzwerken schildern, dass Hunde nach dem Kontakt mit Erdkröten gestorben sind, da diese ein giftiges Hautsekret absondern. Kann das stimmen?

Erdkröten, wie auch Feuersalamander, haben Giftdrüsen, die bei Hunden und Katzen Vergiftungserscheinungen auslösen können. In seltenen Fällen können Hunde nach solchen Kontakten, eher nach Aufnahme von Amphibien, verenden. Besonders junge, neugierige Hunde sind gefährdet, mit Kröten zu „spielen" oder sie sogar zu fressen. Giftstoffe von Kröten sind auch für Menschen giftig! Handschuhe schützen davor!

Ursachen: Erdkröten mit ihrer typischen plumpen Gestalt und warziger Haut zählen zu den häufigsten Amphibien. Sie leben überwiegend dämmerungs- und nachtaktiv bevorzugt in Mischwäldern, Streuobstwiesen und parkähnlichen Landschaften, aber auch in Gärten, Dörfern und selbst kleineren Städten – damit auch in unmittelbarer Nähe von Hunden. Erdkröten werden erst mit rund drei Jahren geschlechtsreif, machen Massenwanderungen zu Laichgewässern, und die Weibchen legen ihre Eier in typischen Laichschnüren ab. Kröten ernähren sich von Insekten, Würmern,

Schnecken und Spinnen. Zur Abwehr von Fressfeinden haben sie Hautdrüsen, die Gifte produzieren, und auch einen gewissen Hautschutz vor bakteriellen Infektionen bieten. Besonders große Giftdrüsen befinden sich beginnend hinter den Augen am Übergang vom Kopf zum Hals. Diese Gifte (Bufadienolide, Bufotenine oder einige biogenen Amine) führen bei Fressfeinden selbst nach kurzen Kontakten zu unterschiedlichen Symptomen. Vergiftungserscheinungen sind Reiben der Schnauze am Boden, starkes Speicheln, Schleimhautschwellung ev. mit Bildung von Bläschen oder Pusteln, Atembeschwerden infolge der Schleimhautschwellung, Schaumbildung im Fang sowie gerötete oder tränende Augen. Daneben können Bewegungsstörungen, Ängstlichkeit oder Ruhelosigkeit, Muskelkrämpfe und Kreislaufbeschwerden sowie Herzrhythmusstörungen auftreten.

Was ist zu tun? Als Sofortmaßnahmen bei einem Vergiftungsverdacht mit Krötengift ist ein sofortiges Waschen und Spülen des Fanges und der Nase mit viel Wasser, kühle Lagerung des Hundes, und bei schwereren Symptomen eine sofortige Konsultation eines Tierarztes anzuraten. Bei einem Beißen auf die Kröte oder einem Verschlucken dieser droht ohne Behandlung ein anaphylaktischer Schock. Insgesamt sind Vergiftungen von Hunden im Zusammenhang mit Kontakten mit Erdkröten oder Feuersalamandern jedoch selten.

Vorbeugend könnten zumindest zur Wanderzeit von Kröten bekannte Wanderrouten bei Ausgängen mit Hunden gemieden und Hunde bei beobachteten Kontakten mit Kröten sofort abgerufen werden.

Auch Feuersalamander können bei Hunden Vergiftungen auslösen. © Tremor Photography/shutterstock.com

ENTWURMUNG

Wenn Hunde trotz optimaler Ernährung zu mager sind oder ein stumpfes Haarkleid haben, sind meist Parasiten daran schuld. Jeder Hund kann sich mit Parasiten infizieren. Je nach Alter, Haltung, Nutzung und Ernährung ist das Risiko jedoch unterschiedlich hoch. Die Symptome eines Wurmbefalls hängen stark vom Alter, dem Gesundheitszustand und der Widerstandsfähigkeit des Einzeltieres sowie der Wurmart und der Befallsmenge ab.

Folgende Anzeichen weisen auf einen Wurmbefall hin: Würmer oder Bandwurmglieder im Kot oder in Erbrochenem,

Dieser Welpe kümmert. Er hat hochgradigen Spulwurmbefall. © A. Deutz

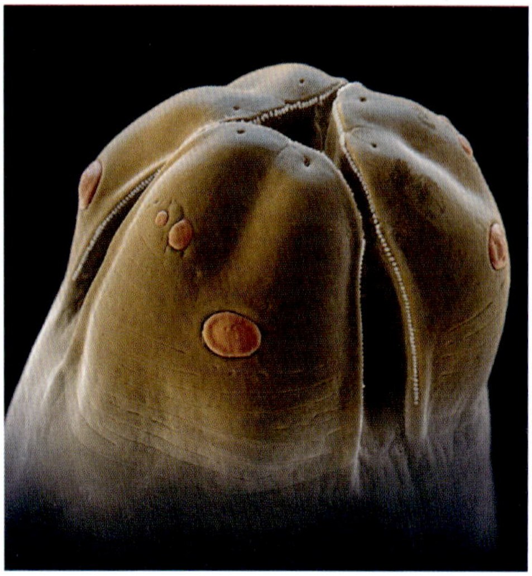

Kopfende eines Hundespulwurmes im Rasterelektronenmikroskop © Bayer Tiergesundheit

Durchfall, Erbrechen, Blutarmut, glanzloses, struppiges Fell, Gewichtsverlust, verzögertes Wachstum, aufgeblähter Bauch und herabgesetzte Widerstandskraft.

Da einige Wurmarten auch für den Menschen gefährlich sind, ist auf eine wirksame und regelmäßige Entwurmung zu achten. Anders als bei Schutzimpfungen gegen Infektionskrankheiten kann man beim Wurmbefall nicht vorbeugend behandeln. Jede Entwurmung tötet oder treibt nur die Parasiten aus, die sich bereits im Körper des Hundes befinden, und wirkt nicht vorbeugend. Der Hund kann sich anschließend wieder neu infizieren. Gegen den Gurkenkernbandwurm (*Dipylidium caninum*) kann durch eine konsequente Flohbekämpfung vorgebeugt werden, da Flöhe Zwischenwirte dieses Bandwurmes sind.

Was ist zu tun? Eine Möglichkeit ist, dass Sie Ihrem Tierarzt regelmäßig (z. B. alle drei Monate) eine Kotprobe bringen, die er auf ausgeschiedene Parasiteneier und -larven untersucht und danach das entsprechende Wurmmittel verabreicht. Diese Methode hat den Vorteil, dass der Hund nur dann Medikamente bekommt, wenn es notwendig ist. Der Nachteil ist, dass nicht jede Verwurmung erkannt wird, da manche Wurmarten nicht dauernd, sondern in Intervallen Eier ausscheiden.

Üblicherweise werden Hunde daher routinemäßig nach einem Schema entwurmt: Welpen werden bis zu einem Alter von fünf Monaten alle drei Wochen Spulwurm-wirksam entwurmt, danach empfiehlt sich bei Jagdhunden eine vierteljährliche Entwurmung.

Zuchthündinnen sollen zwei Wochen nach dem Decken und nach der Geburt alle zwei Wochen bis zum Absetzen der Welpen entwurmt werden (Bekämpfung des Spulwurmbefalles, da Spulwürmer über die Muttermilch übertragen werden). Da es kein „Universal-Wurmmittel" gibt, ist es wesentlich, den Wirkstoff (z. B. bandwurmwirksam oder nicht) je nach Alter und Exposition des Hundes auszuwählen – fragen Sie Ihren Tierarzt. So haben beispielsweise Hunde, die Mäuse fangen oder rohes Fleisch/rohe Organe fressen, ein höheres Bandwurmrisiko.

Bandwürmer können sehr lang werden. Sie schwächen den Hund und sind ein Risiko auch für Menschen. © Cheevarut/shutterstock.com

Regelmäßiges Entwurmen ist wichtig, da diese Mittel nicht vorbeugend wirken können.
© ThamKC/shutterstock.com

Mensch als „Fehlzwischenwirt"

Hunde tragen andere Parasitenarten als der Mensch. Beim Fuchsbandwurm ist der Mensch lediglich Fehlzwischenwirt. Er „ersetzt" also die Feldmaus. Falls es beim Menschen zu einer Infektion mit Eiern des sog. Fuchsbandwurmes (*Echninococcus multilocularis*) kommen sollte, entwickelt sich kein Bandwurm im Darm, sondern Finnen in der Leber wie bei der Feldmaus. Dagegen würde nur eine Dauermedikation helfen – Hygiene ist also die allerbeste Vorbeugemaßnahme. Wichtig in diesem Zusammenhang ist aber ein regelmäßiges Entwurmen der Jagdhunde, besonders solcher, die häufiger Mäuse fangen und fressen, da diese Hunde Bandwurmeier ausscheiden und sogar ein größeres Infektionsrisiko für den Menschen darstellen können als Füchse.

Für Risikogruppen wie Jäger, Tierärzte und Landwirte werden in gefährdeten Gebieten blutserologische Vorsorgeuntersuchungen hinsichtlich Echinokokkose vorgeschlagen, um nötigenfalls therapeutisch reagieren zu können.

Spulwurmlarven sind auf den Menschen übertragbar!

Ein relevantes parasitologisches Risiko für den Menschen birgt der Hundespulwurm (*Toxocara canis*). Seine Larven können sich zwar im menschlichen Darm nicht zu adulten Spulwürmern entwickeln (der Mensch hat eine eigene Spulwurmart – *A. lumbricoides*), Wanderlarven dieses Hundeparasiten können aber im menschlichen Körper Symptome hervorrufen. Sie können bis ins Auge gelangen (okuläres *Larva-migrans*-Syndrom), zudem werden auch andere Krankheitsbilder, wie Rheuma oder Asthma, in Zusammenhang mit autoimmunallergischen Reaktionen auf Wanderlarven gebracht.

Menschen infizieren sich durch orale Aufnahme von Spulwurmeiern, wobei besonders Welpen hohe Eizahlen ausscheiden (bis über 50.000 Eier/g Kot). Auch hier sind Hygienemaßnahme, wie die Beseitigung des Hundekotes und ein entsprechendes Entwurmungsmanagement für Hunde, die wirkungsvollsten Maßnahmen.

TEIL III: HUNDE MIT BESONDEREN ANSPRÜCHEN

HÜNDIN & WELPEN

Trächtigkeit, Geburt und Säugezeit stellen große körperliche Anforderungen an die Hündin, und eine optimale Ernährung ist Voraussetzung für den Zuchterfolg. Auch die Welpen benötigen von Anfang an hochwertige Kost.

Rund um die Geburt

Ist eine Belegung geplant, sollte die Hündin in optimaler Verfassung sein. Das bedeutet, sie ist weder zu dünn noch zu dick, und optimal mit Nährstoffen versorgt. Es zahlt sich also aus, vor der Belegung eine Ernährungsberatung in Anspruch zu nehmen, besonders, wenn man kocht oder barft.

Die aus den befruchteten Eiern entstandenen Embryonen schwimmen in den ersten drei Wochen in ihrer Fruchtblase frei in der Gebärmutter und werden von der sie umgebenden Flüssigkeit ernährt. In dieser Zeit sind sie sehr empfindlich. Ein Mangel an Energie, Vitaminen oder Spurenelementen, aber auch Überfütterung der Hündin können zum Absterben der Embryonen führen.

In der dritten Woche haften sich die Fruchthüllen an die Gebärmutterschleimhaut an. Ab diesem Zeitpunkt werden die Feten durch die Plazenta, und damit über das Blut der Mutter, versorgt. Da die Feten auf Glukose aus dem Blut der Mutter als Energiequelle angewiesen sind, sollte die Mutter nicht völlig ohne Kohlenhydrate gefüttert werden (wie beim Barfen), sondern mindestens 20 % der Energie sollten aus Kohlenhydraten stammen, wie z. B. Reis, Nudeln, Haferflocken oder Kartoffeln.

Die Trächtigkeit der Hündin dauert im Schnitt 63 Tage. Bis zur vierten Trächtigkeitswoche kann die Hündin „normal", also mit ihrem bisherigen Futter für erwachsene Hunde, gefüttert werden. Keinesfalls darf man die Hündin frühzeitig überfüttern und zu sehr „verwöhnen", denn Verfettung kann die Geburt beeinträchtigen. Vor der Geburt sollte die Hündin rund 25 % mehr wiegen als ihr Idealgewicht, nach der Geburt 10 % mehr.

Ab der fünften Trächtigkeitswoche wachsen die Feten stark, und der Bedarf der Mutterhündin an Energie und Nährstoffen steigt. Dabei muss der Gehalt an Eiweiß stärker erhöht werden als der Kaloriengehalt.

HINWEIS!

Eine Faustregel besagt: bei kleinen Würfen ist die Futtermenge um 30 %, bei großen um 50 % zu erhöhen. Ist bei einer Hündin einer kleinen Rasse ein großer Wurf zu erwarten, kann schon ab der dritten Woche die Futtermenge erhöht werden.

Am einfachsten gibt man ein Futter, das auch später während der Säugezeit gefüttert werden kann, damit erspart man der Hündin einen Futterwechsel nach der Geburt. Viele Firmen bieten „Mama & Baby" Futter an, welches dann auch den Kleinen zum Zufüttern angeboten werden kann. Trockenfutter kann von Vorteil sein, da die Hündin davon weniger fressen muss. Manche Hündinnen haben am Anfang der Trächtigkeit, oder auch gegen Ende, wenn der Magen keinen Platz mehr hat, wenig Appetit – hier kann man mit Hüttenkäse, Eiern, Thunfisch oder Katzenfutter „päppeln". Sollte die Hündin aber länger als ein paar Tage zu wenig fressen, dann lassen Sie sich besser fachlich beraten, damit keine wichtigen Nährstoffe fehlen. Beim Kochen oder Barfen sollte das ohnehin selbstverständlich sein.

Auch Probleme mit der Verdauung, vor allem Verstopfung, können auftreten. Hier können Ballaststoffe helfen, wie Kleie, Flohsamenschalen, Zellulose. Achten Sie darauf, dass die Hündin reichlich trinkt, dazu kann Wasser „mit Geschmack" angeboten werden, mit einem Schluck Milch, Joghurt, Schlagobers oder Suppe.

Die Hündin wird etwa am 40. Trächtigkeitstag nochmals entwurmt, um eine Infektion der Welpen im Mutterleib möglichst zu verhindern.

Es ist normal, dass eine Hündin ein bis zwei Tage vor der Geburt wenig bis gar nichts frisst. Hat sie noch Appetit, geben Sie ihr trotzdem weniger, damit der Magen-Darm-Trakt zur Geburt entlastet wird.

Da die Hündin in der Regel die Eihäute und die Nachgeburten frisst, nimmt sie darüber Nährstoffe zu sich. Es kann sein, dass sie davon weichen, dunklen Kot (verdautes Blut) bekommt. Das ist kein Grund zur Sorge.

Während und nach der Geburt sollte auf jeden Fall genug Trinkwasser zur Verfügung stehen, nach der Geburt kann man der Hündin suppiges Futter, wie Reis- der Haferschleim mit Hüttenkäse und einer Prise Salz, oder stark verdünntes Fertigfutter anbieten.

Die säugende Hündin

Die Milchbildung ist eine enorme Leistung für den Körper. Sie steigt nach der Geburt kontinuierlich an und erreicht in der 3.–5. Laktationswoche ihren Höhepunkt. Entsprechend steigen in dieser Zeit auch der Energie- und Nährstoffbedarf stark an. Man rechnet, dass pro Welpe der Energiebedarf um 25 % steigt – bei vier Welpen ist er also doppelt so hoch wie der Erhaltungsbedarf, bei acht Welpen dreimal so hoch, bei zwölf Welpen viermal so hoch. Bei großen Würfen bietet man der Mutter am besten Futter zur freien Verfügung.

Auch bei der säugenden Hündin sollten Kohlenhydrate gefüttert werden (mind. 20 %), da Glukose nötig ist, um Milchzucker zu bilden. Das Futter sollte fettreich sein, um genug Energie zu liefern, und muss hoch verdaulich sein, das bedeutet, es braucht geringe Rohfaser- und Rohaschegehalte. Das Eiweiß muss selbstverständlich hochwertig sein, also Muskelfleisch, Eier oder Milchprodukte. Ähnlich wie in der

Trächtigkeit kann man dies zugeben, wenn die Qualität des Futters nicht bekannt oder nicht überzeugend ist.

Neben der Futtermenge kann die Zeit fürs Fressen ein limitierender Faktor sein. Besonders, wenn die Welpen etwas älter sind und anfangen herumzukrabbeln, sind manche Hündinnen so beschäftigt, sie im Auge zu behalten und wieder einzusammeln, dass ihnen zu wenig Zeit zum Fressen bleibt. In solchen Fällen füttert man die Hündin am besten, wenn die Welpen nicht bei ihr sind (z. B. zum Abwiegen oder Reinigen). Werden die Welpen bereits zugefüttert, muss sichergestellt werden, dass alle ihr eigenes Futter in Ruhe fressen können – dann füttern man die Welpen am besten, wenn die Hündin spazieren geht.

Rezept für eine säugende Hündin mit acht Welpen, Idealgewicht 30 kg, Mengen pro Tag:

1.700 g Fleisch mit 20 % Fett (z. B. Rinderfaschiertes, Gulasch)

500 g Reis, Nudeln oder Getreideflocken (Rohgewicht)

etwa 150 g Gemüse

5 EL Pflanzenöl

2 TL Lachsöl

45 g eines Mineralfutters mit 25 % Ca (für wachsende Hunde) oder 55 g eines Mineralfutters mit 20 % Ca

Fütterung der Saugwelpen

Unmittelbar nach der Geburt machen sich die Welpen sofort auf den Weg zum Gesäuge. Es ist für ihre optimale Entwicklung sehr wichtig, dass sie möglichst rasch (spätestens vier Stunden nach der Geburt) Kolostrum (Biestmilch) aufnehmen. Kolostrum hat

Die Hündin sollte in der Säugezeit maximal 10 % ihres Körpergewichts verlieren, also jene Menge, die sie nach der Geburt noch als Reserve hatte.
© A. Deutz

wenig mit der späteren Milch gemeinsam, es enthält ein Vielfaches an Mineralstoffen und Vitaminen, Schutzstoffe für die Darmschleimhaut (wie z. B. Lactoferrin), Hormone und Wachstumsfaktoren, und vor allem mütterliche Antikörper. Diese können die Welpen nur in den ersten 24 Stunden über den Darm aufnehmen.

Hat eine Hündin keines oder zu wenig Kolostrum, gibt es bereits Ersatzmilch mit spezifischen Antikörpern.

HINWEIS!

Die Welpen saugen in der ersten Woche rund zwölfmal am Tag, später sechs- bis achtmal. Damit nehmen sie anfangs 15 ml, später 10 ml pro 100 g Körpergewicht auf und nehmen pro Tag in Gramm das zwei- bis dreifache des Gewichts der Eltern in kg zu. So wird in 7–9 Tagen das Geburtsgewicht verdoppelt. Ein Beispiel: Hündin 30 kg, neugeborener Welpe 400 g. Der Welpe trinkt 60 ml pro Tag in zwölf Mahlzeiten. Damit sollte er mindestens 60 g/Tag zunehmen und nach rund acht Tagen 700 g wiegen.

Die wichtigste Kontrollmaßnahme für Sie als Hundebesitzer ist das tägliche (!) Abwiegen der Kleinen (am besten immer zur selben Zeit). Die Welpen sollten jeden Tag zunehmen; Gewichtsverlust oder auch Stagnation sind ein Zeichen, dass etwas nicht stimmt – entweder hat die Hündin zu wenig Milch oder der betroffene Welpe bekommt zu wenig, weil er schwach oder krank ist.

In der zweiten Lebenswoche werden die Welpen zum ersten Mal gegen Spulwürmer behandelt, da diese auch über die Muttermilch übertragen werden können. Die Mutterhündin wird ebenfalls behandelt. Die Welpen erhalten alle zwei Wochen eine Wurmkur bis nach der letzten Aufnahme von Muttermilch.

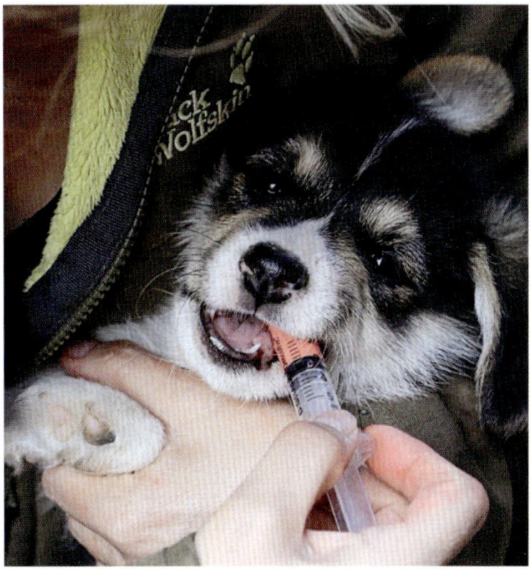

Die Wurmkur schmeckt nicht gut, ist aber überaus wichtig. © I. Bruckner

Die Welpen können abgesetzt werden, wenn sie selbst schon genug Beifutter fressen.
© I. Weishaupt-Orthofer

Beifüttern bis Absetzen

Ab der dritten Lebenswoche sind die Welpen in der Lage, Futter aus flachen Schüsseln aufzuschlecken, und man kann mit der Beifütterung beginnen. Dazu eignen sich am besten weiches, verdünntes Nassfutter (Mousse), eingeweichtes Trockenfutter oder gekochtes, püriertes Fleisch, das man körperwarm anbietet. Man kann anfangs auch Milchaustauscher dicker anrühren und ein wenig Futter untermischten. In diesem Stadium ist es schwer, exakte Mengenangaben zu machen, da die Kleinen ja noch hauptsächlich Muttermilch trinken und viel vom Beifutter verkleckern. Jedenfalls sollte so viel Beifutter angeboten werden, wie die Welpen in 20–30 Minuten fressen können. Aus hygienischen Gründen müssen alle Reste gründlich entfernt werden, bzw. kann die Hündin es ja aufschlecken.

Solange die Welpen noch bei der Mutter sind, reicht es, das Beifutter dreimal am Tag anzubieten, mit acht bis zehn Stunden Nachtruhe.

Je älter die Welpen werden, desto unangenehmer wird das Säugen für die Mutter, da die Kleinen ganz schön ruppig sein können und spitze Zähne haben. Manchmal muss man die Mutter ablenken, am besten mit Futter, damit sie die Welpen noch saugen lässt. Sie können abgesetzt werden, wenn sie genug Beifutter aufnehmen (mindestens 20 g Trockensubstanz/kg Körpermasse/Tag). Das ist meist in der 5.–6. Woche der Fall. Oft beißt die Hündin die Jungen dann ohnehin weg. Die Futtermenge wird innerhalb von drei bis vier Tagen erhöht auf den Bedarf für dieses Alter.

Gleichzeitig reduziert man die Futtermenge der Mutter wieder auf den Erhaltungsbedarf. Hat sie zum Absetzen noch Milch, kann man zum Absetzen die Futtermenge kurzfristig stark reduzieren, dann versiegt die Milch rasch.

Wenn die Welpen festes Futter kennen lernen, ergibt das meist eine kleine „Schweinerei“.
© I. Bruckner

Mutterlose Aufzucht

Die Zusammensetzung der Milch verschiedener Tierarten ist in Tabelle 5 dargestellt. Die Hundemilch hat, im Vergleich zu Kuhmilch, doppelt so viel Energie, da sie wesentlich mehr Fett und Eiweiß enthält, dafür weniger Laktose (Milchzucker). Das ist auch der Grund, warum Welpen von Kuhmilch alleine Durchfall bekommen.

Tabelle 6: Zusammensetzung der Milch verschiedener Tierarten

Tierart	Energie MJ/kg	Eiweiß g/kg	Fett g/kg	Laktose g/kg
Mensch	3	15	40	70
Kuh	3,17	33	40	50
Hund	6,5	84	103	33
Katze	4,9	81	64	31
Igel	13	160	255	0,7

Steht eine Geburt bevor, lagert man am besten Ersatzmilch (Milchaustauscher) für Hunde ein. Diese Produkte sind bei Tierärzten oder im Zoofachhandel erhältlich. Achten Sie darauf, dass es sich wirklich um Alleinfutter für Saugwelpen handelt. Im Notfall kann man folgenden Milchaustauscher selbst herstellen.

Hausgemachter Milchaustauscher für Notfälle:

540 g Magertopfen

300 g Kuhmilch

50 g Eidotter

40 g Maiskeim- oder Sonnenblumenöl

10 g Mineralfutter mit mind. 20 % Ca

→ Mengen: 15 % der Körpermasse/Tag

Bereiten Sie den Milchaustauscher genau nach Anweisung des Herstellers zu. Auch die Mengen sind meist vom Hersteller angegeben. Der Milchaustauscher darf nicht klumpen und sollte Körpertemperatur haben. In der Regel liegt auch eine Saugflasche bei. Die Öffnung darf nicht zu groß (Gefahr des Verschluckens) und nicht zu klein sein. Dazu ein Tipp: Wenn man die Flasche senkrecht hält, sollte ein Tropfen pro Sekunde herauskommen.

Tabelle 7: Futterplan für gesunde, kräftige Welpen bei Handaufzucht

Lebenswoche	Fütterungsfrequenz	Nachtpause
1. Woche	6 x am Tag	6 Stunden
2. Woche	5 x am Tag	6 Stunden
3. Woche	4 x am Tag; mit Beifutter beginnen	8 Stunden

Bei der mutterlosen Aufzucht muss mehrmals täglich (siehe Tabelle 7) gefüttert werden. Die angegebenen Intervalle gelten für gesunde, kräftige Welpen – schwache oder kranke müssen meist öfters gefüttert werden. Auch hier beginnt man in der dritten Woche mit Beifutter und steigert die Menge rasch, sodass die Welpen mit vier bis fünf Wochen abgesetzt werden können.

Saugwelpen setzen in den ersten Wochen nicht selbstständig Harn und Kot ab, sondern nach Massage (Lecken) durch die Mutter – auch das muss die menschliche „Ersatzmutter“ übernehmen.

Ganz wichtig ist auch die Umgebungstemperatur – diese muss in den ersten Tagen rund 30 °C betragen, das erreicht man am besten mit einem Wärmestrahler (Rotlichtlampe). Ist den Welpen zu kalt, jammern sie und drängen sich aneinander. Bei einzeln aufgezogenen Welpen ist zu niedrige Temperatur daher noch kritischer. Bis zur vierten Woche kann die Temperatur dann auf rund 24 °C bzw. Raumtemperatur abgesenkt werden.

EIN WELPE KOMMT INS HAUS – RICHTIGE FÜTTERUNG VON ANFANG AN

Der Einzug eines Welpen in den Haushalt ist ein großes Ereignis und wirft viele Fragen auf, so auch die nach der optimalen Ernährung. Denn gerade in der Wachstumsphase können sich Fütterungsfehler drastisch auswirken.

Alles neu und aufregend

Der Umzug zu Ihnen, der Abschied von Mutter und Geschwistern und die neue Umgebung sind für einen Welpen immer stressig. Deswegen ist es nicht besorgniserregend, wenn der Welpe in den ersten Tagen wenig oder nichts frisst. Ist er sonst fit und lebhaft, bleiben Sie gelassen – laufen Sie dem Welpen nicht mit dem Futter hinterher, bieten Sie ihm nicht dauernd Neues an. Locken Sie ihn auch nicht zu oft mit Leckerchen, sonst gewöhnt er sich an, dass er das angebotene Futter ignorieren und auf Besseres hoffen kann. Lassen Sie das Futter auch nicht ständig zur freien Entnahme stehen, denn erstens verliert es an Aroma und zweitens haben Sie keinen Überblick, wie viel der Welpe tatsächlich frisst.

Für die Gewöhnung der Welpen an das neue Zuhause sind die ersten Tage sehr wichtig. Da sollten Sie eine Futterumstellung noch vermeiden. © A. Deutz

Gewöhnen Sie dem Hund von Anfang an einen festen Futterplatz und fixe Fütterungszeiten an. Am besten übernehmen Sie anfangs die Anzahl an Mahlzeiten und die Fütterungszeitpunkte, wie es beim Züchter gemacht wurde. Bieten Sie das Futter für 20–30 Minuten an, dann stellen Sie es wieder weg. Um einen Futterwechsel beim Umzug zu vermeiden, lassen Sie sich vom Züchter das gewohnte Futter für etwa eine Woche mitgeben; oder fragen Sie danach und kaufen es ein.

Gesundes Wachstum – mit Maß und Ziel

Eine ganz wichtige Voraussetzung für eine gesunde Entwicklung ist die Wachstumsgeschwindigkeit. Im Gegensatz zu Menschenkindern werden überfütterte Welpen nicht

Das Absetzen von der Muttermilch bedeutet eine erhebliche Umstellung der Verdauung bei den Welpen.
© A. Deutz

dick, sondern sie wachsen schneller, da die Energiezufuhr die Ausschüttung von Wachstumshormonen stimuliert. Die Endgröße des Hundes ist genetisch vorherbestimmt, sie wird immer erreicht, nur eben etwas früher oder später.

Anhand des erwarteten Endgewichtes kann eine ideale Wachstumskurve berechnet werden (in Excel oder mit spezieller Software). Manche Züchter geben idealerweise eine solche Kurve – oder eine Liste, wie schwer der Welpe mit welchem Alter sein sollte – den frisch gebackenen Hundebesitzern mit. Fragen Sie aber auf jeden Fall nach dem Gewicht der Eltern. Bei Rassehunden geht man davon aus, dass der Hund das Gewicht des gleichgeschlechtlichen Elternteils erreichen wird.

Tabelle 8 zeigt die durchschnittliche Gewichtsentwicklung von wachsenden Hunden unterschiedlicher Körpergröße. Hunde bis 20 kg sind mit einem Jahr ausgewachsen. Sie leiden nur sehr selten an Wachstumsstörungen und Gelenkproblemen. Hunde mit 35 kg Endgewicht gelten mit 14–15 Monaten als erwachsen, Hunde mit 60 kg und darüber erst mit 17–18 Monaten. Solange sollte der Hund auch als wachsender Hund gefüttert werden.

„Ausgewachsen" bezieht sich in diesem Zusammenhang auf das Knochenwachstum (Schluss der Wachstumsfugen) – gerade sehr große Hunde haben in diesem Alter noch nicht ihr Endgewicht, sondern legen noch an Muskelmasse zu.

Tabelle 8: Durchschnittliche Gewichtsentwicklung von wachsenden Hunden unterschiedlicher Körpergröße im ersten Lebensjahr (Quelle: Supplemente, 2014)

Alter	ausgewachsen 20 kg		ausgewachsen 35 kg		ausgewachsen 60 kg	
4 Monate	10,5 kg	50 %	17 kg	48 %	23 kg	38 %
6 Monate	14 kg	70 %	23 kg	65 %	36 kg	60 %
12 Monate	19 kg	95 %	31 kg	88 %	48 kg	80 %

Die Qual der Wahl – das richtige Futter

Man kann einen Hund sowohl mit Fertigfutter als auch mit selbst zubereitetem Futter (Kochen oder Barfen) gesund und ausgewogen ernähren – und man kann bei beidem Fehler machen. Seien Sie skeptisch, wenn Ihnen ein Züchter eine Fütterungsmethode (wie Barf oder eine bestimmte Futtermarke) als „das einzig Richtige" einreden möchte, und lassen Sie sich zu nichts zwingen! „Richtig" ist das Futter, das zu Ihrem Hund, Ihren Lebensumständen und zeitlichen und finanziellen Möglichkeiten passt.

HINWEIS!

Wichtig ist bei Fertigfuttermitteln die Deklaration als „Alleinfutter für wachsende Hunde". Die Richtwerte zum Nährstoffgehalt von Trocken- und Feuchtfutter für wachsende Hunde sind in Tabelle 9 zusammengefasst. Weichen die Inhaltsstoffe in Ihrem Futter stark davon ab, ist Vorsicht geboten! Häufig finden Sie auf der Website der Hersteller mehr Informationen als auf der Packung.

Vermeiden Sie Produkte, die angeblich Alleinfutter sind, aber keine Zusatzstoffe enthalten sollen – das ist eigentlich unvereinbar! Vitamine und Spurenelemente müssen immer ergänzt werden. Die Gehalte an Kalzium und Phosphor anzugeben, ist gesetzlich nicht vorgeschrieben, ist aber gerade für die Ernährung von Welpen eine ganz wesentliche Information. Stehen sie nicht auf der Packung oder der Website, haben Sie das Recht, beim Hersteller nachzufragen. Die Fütterungsempfehlungen sollten sich an der Größe des Hundes bzw. am Endgewicht orientieren.

Tabelle 9a: Richtwerte zum Nährstoffgehalt von Trocken- und Feuchtfutter für wachsende Hunde mit durchschnittlichem Energiegehalt

Nährstoff in 100 g	Einheit	Trockenfutter	Feuchtfutter
Rohprotein	%	23–28	7–10
Rohasche	%	< 10	< 2
Kalzium	%	1,0–1,3	0,35–0,4

Tabelle 9b: Richtwerte zum Nährstoffgehalt von Trocken- und Feuchtfutter für wachsende Hunde mit durchschnittlichem Energiegehalt

Nährstoff in 100 g	Einheit	Trockenfutter	Feuchtfutter
Phosphor	%	0,8–1,0	0,2–0,25
Kalzium:Phosphor		1,2–1,5	
Zink	mg	9–10	3
Jod	µg	160–240	30–70
Vitamin A	IE	800–1.200	160–130
Vitamin D	IE	70-90	13–25

Lieber frisch und individuell

Das Futter selbst zuzubereiten hat vor allem den Vorteil, dass man genau weiß, was der Hund bekommt. Unbeliebte und unverträgliche Zutaten können leicht vermieden werden. Daher ist selbst zubereitetes Futter auch meist sehr gut bekömmlich.

Die größte Gefahr bei selbst zubereitetem Futter ist ein Mangel bzw. ein Ungleichgewicht an Nährstoffen – und das kann sich bei einem wachsenden Hund schon innerhalb weniger Wochen negativ auswirken! Im schlimmsten Fall kann eine Wachstumsstörung lebenslange Schmerzen verursachen! Das ist auch der Grund, warum die meisten Tierärzte lieber Fertigfutter empfehlen und vor dem Barfen warnen. Gerade beim Barfen werden leider – aus Unwissenheit und nach falschen Ratschlägen – die meisten Fehler gemacht. Deswegen ist es bei Welpen unerlässlich, einen Futterplan von einem Experten erstellen zu lassen und diesen dann auch exakt einzuhalten. Leider sind nicht alle „Barf-Berater" oder „Ernährungsberater für Hunde" umfassend ausgebildet, da es sich um ein freies Gewerbe handelt. Wenden Sie sich am besten an einen Fachtierarzt für Ernährung.

Häufige Fragen zur Welpenfütterung

„Ich habe gehört, dass man große Hunde frühzeitig auf Erwachsenenfutter umstellen soll, damit sie nicht zu schnell wachsen. Stimmt das?"

Das ein hartnäckiges Gerücht, das aber gefährliche Folgen haben kann. Futter für erwachsene Hunde sind von ihren Nährstoffen her nicht auf den Bedarf von Welpen ausgelegt, und es kann zu Mangelernährung kommen. Welpen, besonders jene großer Rassen, sollten daher immer ein Alleinfutter für wachsende Hunde bekommen. Die Wachstumsgeschwindigkeit wird alleine durch die Zufuhr an Energie bestimmt, also letztendlich durch die Futtermenge – weder durch Protein noch durch irgendwelche Zusatzstoffe oder „Wachstumsförderer", was manchmal behauptet wird.

„Woher weiß ich die richtige Futtermenge für meinen Hund"?

Grundsätzlich kann man sich an den Fütterungsempfehlungen der Hersteller orientieren. Gerade bei Premium-Marken werden die Angaben eher an der Untergrenze des durchschnittlichen Bedarfs berechnet, da die Hersteller um das Problem des zu raschen Wachstums wissen. Der tatsächliche tägliche Kalorienbedarf ist aber individuell und kann, abhängig von Rasse, Aktivität und Temperament, erheblich abweichen. Nicht vergessen darf man vor allem die Leckerlis! Bei fast jedem Welpen werden Leckerbissen zum Training einsetzt, die bis zu 25–30 % des Kalorienbedarfs bereits erfüllen können! Deswegen ist es essentiell, die Wachstumskurve zu beachten und die Futtermenge danach anzupassen.

„Kann man Allergien vorbeugen oder durch Fehler in der Fütterung provozieren?“

Es gibt bereits ein großes Angebot an Hundefutter aus sehr exotischen Zutaten, wie Büffel, Strauß, Kamel oder Rentier, die als „hypoallergen“ oder „allergenfrei“ angepriesen werden. Das erweckt den Eindruck, als könnten keine Allergien gegen diese exotischen Zutaten auftreten, oder als könne man Allergien vorbeugen, wenn man die häufigsten Allergene (Rind, Geflügel) nicht füttert. Das funktioniert jedoch nicht! Dass Hunde gegen gewisse Dinge häufig allergisch sind, liegt alleine daran, dass diese Zutaten auch am häufigsten im Hundefutter eingesetzt werden.

Einem Welpen viele unterschiedliche, exotische Zutaten anzubieten, kann sogar zu Problemen führen, nämlich dann, wenn tatsächlich der Verdacht auf eine Allergie aufkommt und man dann im Falle einer nötigen Ausschlussdiät keine Zutaten mehr zur Verfügung hat, die der Hund noch nicht bekommen hat.

„Kann ich Gelenkerkrankungen schon beim Junghund vorbeugen?“

Das Wichtigste für eine gesunde Entwicklung von Knochen und Gelenken sind geregeltes Wachstum, eine optimale Versorgung mit Nährstoffen und Bewegung ohne Überlastung. Diverse Nahrungszusätze „für die Gelenke“, wie Chondroitinsulfat oder Grünlippmuschel, sind für Hunde mit bereits bestehenden Arthrosen gedacht und untersucht – eine vorbeugende Wirkung bei gesunden Junghunden ist nicht bekannt und wird von sämtlichen Experten für unwahrscheinlich gehalten.

FÜTTERUNG VON ARBEITSHUNDEN

Es ist schon nicht leicht für die Ernährung des Hundes generelle Ratschläge zu geben, da Fütterungsempfehlungen natürlich von der Rasse, dem Alter und auch der Verwendung und Belastung des Hundes abhängen und sich nicht zuletzt gewisse Vorlieben auch individuell niederschlagen. Für Arbeitshunde, wie beispielsweise Jagd-, Rettungs- und Hütehunde, ist es noch etwas schwieriger.

Fütterung und Arbeitseinsatz

Im Arbeitseinsatz verbrauchen Hunde bei vier bis sechs Stunden Bewegung am Tag etwa doppelt so viel Energie wie durchschnittlich aktive Hunde. Tabelle 10 zeigt, wie sich der Energiebedarf im Verhältnis zum Körpergewicht verhält. Ein ausgewachsener Pinscher mit zehn Kilogramm Körpergewicht benötigt im Arbeitseinsatz statt 3.000 kJ die 1,9-fache Menge, also 5.700 kJ. Ein Setter mit 30 kg Körpergewicht benötigt bei gleicher Belastung sogar die 2,1-fache Menge seines Erhaltungsbedarfs, also 13.230 kJ (siehe Tabelle 10).

Bei höheren Belastungen hat es sich bewährt, Hunden fettreichere Futtermischungen zu geben, dadurch ist es möglich, den Energiebedarf mit kleineren Futtermengen zu decken. Nach längerer Verabreichung fettreicher Rationen an hochleistende Hunde kommt es zu einer sogenannten „Adaptation", d. h. Hunde nutzen Fette dann sehr effektiv als Energiequelle. Zeitpunkt und Zusammensetzung der Fütterung beeinflussen die Leistung und Ausdauer des Jagdhundes im jagdlichen Einsatz. Zwischen Fütterung und jagdlichem Gebrauch muss ein ausreichender zeitlicher Abstand liegen. Es empfiehlt sich, den Hauptteil der Tagesration am Abend vor der Belastung zu verabreichen, und ebenso Hunde nach Jagden erst nach einer Erholungsphase von rund zwei Stunden wieder zu füttern.

Je nach Belastung müssen Sie die Futterration anpassen und gegebenenfalls die Energiedichte durch Zugabe von Fetten erhöhen.

Eine immer wieder gehörte Empfehlung, Hunde während längerer Arbeit zwischendurch zu füttern, ist nicht notwendig bzw. kann für Hunde sogar belastend sein. Hunde sind sehr gut imstande, bei Belastungen Fettsäuren als Energiequellen zu mobilisieren, sie sind deshalb nicht von Zwischenmahlzeiten abhängig. Falls Hunde vor der Jagd aber sehr unruhig sind, können kleine Futtermengen (bis ca. ein Fünftel der Tagesration bis zu drei Stunden vor Arbeitsbeginn) vorgelegt werden.

Tabelle 10: Bedarf an Energie und Eiweiß von wachsenden und ausgewachsenen Hunden (Zentek, 1999)

Körpergewicht	Erhaltungsbedarf in Kilojoule/Tag	Mehrfaches des Erhaltungsbedarfes bei 4–6 Stunden Bewegung	Eiweißbedarf in Gramm verdauliches Protein/Tag
10 kg wachsend	7.000	1,9	38
10 kg ausgewachsen	3.000	1,9	100
20 kg wachsend	11.200	2,0	60
20 kg ausgewachsen	4.200	2,0	160
30 kg wachsend	14.500	2,1	210
30 kg ausgewachsen	6.300	2,1	84

Tabelle 11: Bedarf an Vitaminen und Mineralstoffen von wachsenden und ausgewachsenen Hunden (Zentek, 1999)

Nährstoff	Wachsende Hunde pro kg Gewicht und Tag	Erwachsene Hunde pro kg Körpergewicht und Tag
Kalzium (mg)	240–305	80
Phosphor (mg)	130–160	60
Natrium (mg)	60	50
Vitamin A (IE*)	250	75–100
Vitamin D (IE)	20	10
Vitamin E (IE)	2	1

*IE = Internationale Einheiten, Einheit von Vitamingehalten

Unbedingt notwendig – besonders an warmen Tagen – ist jedoch eine ausreichende Wasserversorgung vor, während und nach der Arbeit. Ein Wassermangel senkt nicht nur die Leistungsbereitschaft, sondern belastet auch den Kreislauf. In diesem Zusammenhang darf auch auf die Problematik der (tierschutzrelevanten) Unterbringung von Hunden an warmen Tagen in Autos oder auf das Ablegen von Hunden im prallen Son-

Drei Stunden vor dem Einsatz sollten Arbeitshunde nicht mehr gefüttert werden. Sie müssen ihnen aber zwischendurch Wasser anbieten!
© Aleksandra Dabrowa/shutterstock.com

Es genügt, Arbeitshunde einmal täglich zu füttern. Jedoch am besten erst zwei Stunden nach dem Arbeitseinsatz.
© Halfpoint/shutterstock.com

nenlicht hingewiesen werden. Lassen Sie Hunde im Sommer nie im Auto und legen Sie sie immer an schattigen Plätzen ab!

Generelle Fütterungsempfehlungen für Arbeitshunde

- Wegen der großen Dehnbarkeit des Hundemagens können große Mengen pro Mahlzeit aufgenommen werden, womit eine einmal tägliche Fütterung reicht. Benötigt der Hund aufgrund einer starken körperlichen Belastung größere Futtermengen, so sollten diese auf zwei Rationen aufgeteilt werden.
- Halten Sie den Fütterungszeitpunkt nach Möglichkeit gleich. Der Organismus gewöhnt sich daran und Ihr Hund bettelt weniger.
- Füttern Sie nie direkt vor der Arbeit! Geben Sie maximal 20 % der Gesamtfuttermenge bis zu drei Stunden vor Beginn der Jagd bzw. dem Arbeitseinsatz. Zwischenmahlzeiten bei längeren Einsätzen sind nicht nötig – jedoch frisches Wasser!
- Lassen Sie breiiges Futter bei warmem, schwülem Wetter nicht länger als drei Stunden stehen.
- Stellen Sie die gewohnte Futterration nicht abrupt, sondern innerhalb von mehreren Tagen um. Mischen Sie neues Futter der gewohnten Nahrung zunächst bei, sodass der Übergang vier bis sechs Tage dauert.
- Stellen Sie Ihrem Hund immer einen Napf mit frischem Wasser zur Verfügung.
- Für eine ausgewogene Ernährung sprechen bei ausgewachsenen Hunden ein konstantes, der Rasse oder dem Typ des Hundes angemessenes Gewicht; normale Kotabsatzfrequenz (ein- bis zweimal pro Tag) und feste Kotkonsistenz; glänzendes Fell, rassespezifische Behaarung und keine übermäßige Schuppenbildung sowie ein lebhaftes Verhalten.

FIT BIS INS HOHE ALTER

Dank guter Pflege, ausgewogener Fütterung und veterinärmedizinischer Versorgung ist auch die Lebenserwartung unserer Hunde gestiegen. Bereits im mittleren Alter kann man mit angepasster Fütterung dafür sorgen, dass der Hund lange gesund und fit bleibt.

Wann spricht man von Senioren?

Als Senioren bzw. „im fortgeschrittenen Alter“ bezeichnet man Hunde in der zweiten **Hälfte der Lebenserwartung** – kleine Hunde (bis 10 kg) ab zehn Jahren, mittelgroße (bis 25 kg) ab acht Jahren, große (bis 50 kg) ab sieben Jahren und Riesenrassen (ab 50 kg) sogar ab fünf Jahren. Umgerechnet in Menschenjahre wäre das ab etwa dem 50. Geburtstag. Wie beim Menschen, kann es auch beim Hund große individuelle Unterschiede in der „Fitness“ geben zwischen dem chronologischen und dem physiologischen Alter, abhängig von Gesundheit, Figur, Aktivität und vor allem natürlich dem Gesundheitszustand.

Ab welchem Alter Hunde zu den Senioren zählen, ist hauptsächlich von der Größe abhängig. Große Rassen altern rascher. © Holly Michele/shutterstock.com

Körperliche Veränderungen im Alter

Als „Altern“ bezeichnet man die Summe aller Veränderungen, die in einem Organismus im Laufe seines Lebens auftreten. Sie betreffen jede Zelle des Körpers und damit auch die Funktion aller Organe. Mit folgenden Veränderungen ist vor allem zu rechnen:

- Abbau von Muskelmasse, Zunahme des Körperfettanteils
- Verminderte Bewegungslust
- Zunahme des Schlafbedürfnisses
- Verminderte Leistungstoleranz
- Verminderte Entgiftungskapazität der Leber
- Verminderte Nierenleistung
- Verminderte Immunabwehr
- Verminderte Sinnesleistungen
- Geringere Toleranz gegenüber extremen Temperaturen
- Veränderte Konzentration von Neurotransmittern
- Haut- und Fellveränderungen

Alle diese Veränderungen können einen Einfluss auf den Bedarf und die Verwertung von Nährstoffen, die Futteraufnahme und die Fresslust haben.

Betrachten wir in diesem Zusammenhang **altersbedingte Veränderungen am Magen-Darmtrakt** einmal genauer:

- Zahnfleischentzündung, Zahnstein, Zahnverlust: Bei fast allen älteren Hunden finden sich krankhafte Veränderungen in der Maulhöhle. Auch wenn Hunde selten „typische Zahnschmerzen“ zeigen, können Zahnerkrankungen und Zahnfleischentzündungen sehr wohl Schmerzen verursachen und die Fresslust beinträchtigen.
- Die Speichelproduktion verringert sich.
- Die Darmschleimhaut wird dünner, regeneriert sich langsamer.
- Es werden weniger Verdauungsenzyme produziert.
- Die Peristaltik (Darmbewegung) wird langsamer.
- Die Zusammensetzung der Darmflora verändert sich.

All diese Veränderungen können bewirken, dass der Verdauungsapparat generell empfindlicher wird, dass ungewohntes Futter oder „kleine Sünden“ nicht mehr vertragen werden und dass Durchfall oder Verstopfung häufiger auftreten. Auch Geschmäcker und Vorlieben können sich mit zunehmendem Alter ändern. Da Hunde ihr Futter stark nach dem Geruch beurteilen, dürfen die abnehmenden Sinnesleistungen nicht vergessen werden. Wenn ein Hund schlechter hört oder sieht, merkt man das meist rasch – aber auch Geruchs- und Geschmackssinn lassen im Alter nach. Außerdem können manche Medikamente die Schleimhaut angreifen oder „einen komischen Geschmack machen“ – das weiß man vom Menschen, und beim Hund wird es wahrscheinlich auch so sein.

Wie bleibt Ihr Hund trotzdem fit?

Die Geheimnisse ewiger Jugend gibt es leider auch bei Hunden nicht. Die wichtigsten Maßnahmen sind einfach:

1. Übergewicht vermeiden! Im mittleren Alter sinkt der Energiebedarf – einerseits durch den Abbau von Muskelmasse (denn Muskeln haben einen höheren Grundumsatz als Fett), anderseits durch (meist) geringere freiwillige Aktivität. Darum ist es sinnvoll, auf ein Futter mit geringerem Kaloriengehalt umzustellen, wie dies bei Futtersorten für Senioren der Fall ist, bevor der Hund zunimmt. Besonders „gefährlich“ sind diverse Leckerlis, Kausnacks und „Rituale“, die sich im Lauf

des Lebens eingeschlichen haben, wie das „Mitessen" beim Sonntagsfrühstück oder das „Betthupferl". Kalorienärmere Alterativen zu gekauften Snacks sind mageres, gekochtes Fleisch, fettarmer Käse, gekochte Nudeln, Knäckebrot, Reiswaffeln und vor allem Obst und Gemüse.

2. Bewegung machen! Auch Hunde mit Arthrosen sollen nach Möglichkeit bewegt werden – am besten in Form von Physiotherapie und Schwimmen.
3. Optimale Nährstoffversorgung! Gerade beim Barfen ist eine unzureichende Versorgung mit Vitaminen und Spurenelementen häufig, und das kann lange unbemerkt bleiben (dem Hund geht es gut, er sieht fit aus) und sich erst nach Jahren äußern. Meist sind die Symptome unspezifisch – wie Hauptprobleme oder schütteres Fell, Neigung zu Infektionen, Mattigkeit. Lassen Sie daher Ihren Futterplan fürs Barfen oder Kochen rechtzeitig von einem Fachtierarzt für Ernährung überprüfen! Ein Blutbild oder „Barf-Profil" reich dafür nicht aus! Auch Fertigfutter sind manchmal nicht ausgewogen – vor allem jene, die angeblich keinerlei Zusatzstoffe enthalten.
4. Auf eine gesunde Maulhöhle achten! Anzeichen von Erkrankungen sind: schlechter Atem, gerötetes Zahnfleisch, Beläge auf den Zähnen oder Verfärbungen. Die einzig sinnvolle Maßnahme zur Vorbeugung von Zahnstein ist das Putzen mit der Bürste, am besten täglich, mindestens dreimal pro Woche. Auch ein älterer Hund kann das noch lernen! Zahnpflegesnacks und Kaustangen sind eine Ergänzung, aber keine Alternative zum Zähneputzen. Futterzusätze, „Pülverchen" und Sprays wirken wenig bis gar nicht. Ist Zahnstein vorhanden, muss er vom Tierarzt in Narkose entfernt werden. Selbst fortgeschrittenes Alter ist kein Ausschlussgrund für eine Narkose – die positiven Auswirkungen der Zahnsanierung überwiegen in den meisten Fällen das Narkoserisiko! Die von manchen Hundefriseuren angebotenen Ultraschallzahnbürsten sind übrigens nicht dasselbe wie der Ultraschall beim Tierarzt.

Sinnvolle Ergänzungen für Senioren

Omega-3-Fettsäuren haben eine entzündungshemmende Wirkung und werden daher bei chronischen Entzündungen empfohlen, wie Arthrose, Hauterkrankungen (Allergie, Atopie) und Niereninsuffizienz. Aber auch für die Gehirnfunktion sind Omega-3-Fettsäuren wichtig. Sie sind vor allem im Öl von Kaltwasserfischen (Lachs, Hering) enthalten. Die empfohlene Dosis lautet 1–2 g Lachsöl pro zehn Kilogramm Körpergewicht. Das sind rund drei Teelöffel pro Woche für einen mittelgroßen Hund von 30 kg. Achten Sie darauf, dass es sich um hochwertiges Lachsöl handelt, das mindestens 30 % der wertvollen langkettigen ungesättigten Fettsäuren (EPA+DHA) enthält. Sie können auch Lachsölkapseln für Menschen geben. Für die Dosierung gilt: Eine Kapsel auf zehn Kilogramm Körpergewicht.

Glucosaminoglykane (Chondroitinsulfat, Hyaluronsäure) fördern den Aufbau von Knorpel und können daher bei Gelenkentzündungen unterstützend wirken. Sie können im Futter (viele Seniorenfutter enthalten sie bereits) oder als Ergänzungen gegeben werden. Die empfohlene Dosis lautet: 15–40 mg/kg/Tag Glucosamin und 25–50 mg/kg/Tag Chondroitinsulfat, am besten in Kombination. Dabei sollte man darauf achten, dass seriöse Produkte gegeben werden, bei denen Art und Menge des enthaltenen Wirkstoffs angegeben ist (besser vom Tierarzt als aus der Zoohandlung). Auch die **Grünlippmuschel** enthält Glucosaminoglykane und Omega-3-Fettsäuren. Davon sollten mindestens 50 mg/kg gegeben werden.

Ballaststoffe können sowohl bei Darmträgheit als auch bei Neigung zu weichem Stuhl helfen. Gut geeignet sind Flohsamen, Pektin oder Futterzellulose (oder eine Mischung davon). Wichtig ist es, langsam anzufangen (etwa eine Messerspitze pro Mahlzeit für kleine Hunde, einen halben Teelöffel für große) und die Menge vorsichtig alle paar Tage zu steigern, sonst kann Durchfall hervorgerufen werden. Steigern Sie die Menge, bis die gewünschte Kotkonsistenz erreicht ist (rund 1 g/kg Körpergewicht).

Auch auf das „Wie" kommt es an

Das Futter für Senioren sollte eher weich sein – vor allem bei Zahnproblemen. Fleisch sollte daher in kleinen Stücken oder gewolft gefüttert werden, Trockenfutter besser eingeweicht. Wer bisher nur einmal täglich gefüttert hat, sollte auf zwei oder drei kleinere Mahlzeiten umstellen. Nach dem Fressen sollte Ruhe und Zeit zum Verdauen gegeben werden. Gibt es andere, jüngere und vielleicht ranghöhere Hunde im Haushalt, sollte darauf geachtet werden, dass der Senior auch in Ruhe fressen kann.

Abrupte Futterwechsel sollten vermieden werden. Wenn eine Futterumstellung notwendig ist, dann so, dass das alte Futter über mehrere Tage mit dem neuen verschnitten wird.

Snacks und „Kausachen", wie Rinderhaut, Ohren, Sehnen, Luftröhre oder getrocknete Lunge, sind auch bei Senioren beliebt – man darf aber nicht vergessen, dass sie erstens Kalorienbomben und zweitens schlecht verdaulich sind. Neigt ein Hund zu Blähungen und weichem Stuhl, sollten sie lieber weggelassen werden. Besser geeignet sind hartes Brot, Gemüse, getrocknetes Muskelfleisch oder Spielzeug (z. B. Kong), das man mit Hüttenkäse oder Obstbrei (im Sommer auch gefroren) füllen kann.

Achten Sie auf reichliche Wasseraufnahme! Auch das Durstgefühl nimmt im Alter ab. Mischen Sie Wasser zum Futter, „erinnern" Sie den Hund ans Trinken, oder geben Sie „Geschmack" ins Wasser (Milch, Obers, Brühe, Saft).

Regelmäßige Checks sind wichtig!

Senioren sollten zweimal im Jahr vom Tierarzt gründlich untersucht werden, dazu sollten ein großes Blutbild, eine Harnuntersuchung und ev. auch eine Ultraschalluntersuchung des Bauches gemacht werden. So können Erkrankungen frühzeitig erkannt werden. Studien haben gezeigt, dass Hundehalter oft Krankheitssymptome (wie Stubenunreinheit, Verhaltensänderungen, Bewegungsunlust) als „normale Alterserscheinungen" abtun und nicht als Grund sehen, zum Tierarzt zu gehen. Achten Sie besonders auch auf Änderungen in der Futter- und Wasseraufnahme (plötzlich viel mehr oder weniger), den Harnabsatz (auch Menge, Farbe) und Zubildungen in der Haut (Knubbel, Knoten, Warzen).

HINWEIS!

Hunde im mittleren Alter profitieren von angepasstem Futter, das auf geänderte Bedürfnisse Rücksicht nimmt. Futtersorten „für Senioren" werden deshalb von vielen Herstellern angeboten. Sinnvolle Ergänzungen können die ersten Symptome von Alterserscheinungen mildern. Wichtig sind vor allem ein sportliches Leben und eine ideale Figur (siehe Seite 19).

FUTTERMITTELALLERGIE – EIN MODERNES LEIDEN?

Allergien und Unverträglichkeiten nehmen auch bei Hunden zu. Neben Allergien gegen Pollen, Schimmelpilze, Milben und Flohspeichel spielen vor allem Futtermittelallergien eine Rolle. Doch nicht alles, was wie eine Allergie aussieht, ist auch eine – die richtige Diagnose ist entscheidend.

Definition der Begriffe

Eine **Allergie** ist eine überschießende Reaktion des Immunsystems, das eine harmlose Substanz fälschlich als „Feind" kennzeichnet und eine Entzündungsreaktion in Gang setzt. Das bedeutet, dass die Reaktion nicht beim ersten, sondern frühestens beim zweiten Kontakt auftreten kann. Zudem muss die Substanz eine gewisse Größe aufweisen, um überhaupt in Kontakt mit Zellen des Immunsystems treten zu können. Allergene im Futter sind daher Proteine, also die Fleischsorte bzw. der Eiweißanteil in Pflanzen.

Eine **Unverträglichkeit** ist dagegen keine Immunreaktion, sondern beruht auf anderen Mechanismen, wie Enzymmangel (z. B. Laktoseintoleranz), pharmakologischer oder giftiger Wirkung. Sie kann prinzipiell gegen jeden Futterbestandteil auftreten.

Allerdings wird der Begriff in den letzten Jahren für viele Beschwerden verwendet, ohne dass eine Diagnose vorliegt. Zeigt ein Hund unerwünschte Reaktionen auf ein Futter (wie Blähungen, Durchfall, Erbrechen), so verträgt er dieses Futter offensichtlich nicht. Die Ursache muss aber keine Unverträglichkeit sein, sondern es kann auch an vielen anderen Faktoren liegen (wie Fehlern bei der Fütterung oder schlechter Verdaulichkeit der Zutaten).

Mögliche Anzeichen

Symptome einer Allergie/Unverträglichkeit können sich sowohl über den Verdauungstrakt als auch über die Haut äußern. Typisch sind chronische, unspezifische Verdauungsstörung, wie wechselnde Kotkonsistenz, weicher Kot und Blähungen, häufiges Erbrechen und Übelkeit; Rötung der Haut und Juckreiz, Haarausfall, Schlecken und Knabbern an den Pfoten. Etwa ein Drittel der allergischen Hunde hat Haut- und Verdauungsprobleme. Dazu können auch Entzündungen der Ohren, Augen und Analbeuteldrüsen kommen oder auch als alleiniges Symptom bestehen.

Diagnose ist wichtig!

Da gerade Erkrankungen der Haut und des Magen-Darm-Traktes sehr viele Ursachen haben können, ist es äußerst wichtig, zu-

Juckreiz kann ein Symptom einer Futtermittelallergie sein. Jedoch sollten zuvor alle anderen Ursachen dafür ausgeschlossen werden. © Jessi et Nono/shutterstock.com erst alle anderen Ursachen auszuschließen, bevor an eine Allergie gedacht wird. So gibt es viele Erkrankungen, die wesentlich wahrscheinlicher sind, wie Parasiten oder Infektionen. Der Tierarzt muss dabei sehr sorgfältig vorgehen und nacheinander verschiedene Untersuchungen durchführen und eventuell auch schon Medikamente geben.

Ein Bluttest erlaubt keine Diagnose einer Futtermitteallergie! Falsch positive Ergebnisse sind häufig. Das bedeutet, auch bei gesunden Hunden, die im Alltag alles vertragen, können Antikörper gemessen werden. Das führte in der Vergangenheit, als diese Tatsache noch nicht bekannt war, zu fehlerhaften Schlussfolgerungen. Eine Allergie wurde als Ursache der Beschwerden vermutet und eine Diät anhand der Testergebnisse eingehalten, die aber keine vollständige Besserung brachte, und es wurde nicht nach weiteren Krankheitsursachen gesucht.

Der negative Vorehrsagewert der Bluttests ist aussagekräftiger. Das bedeutet, wenn ein Hund keine Antikörper aufweist, ist die Wahrscheinlichkeit hoch, dass er diese Zutat verträgt.

HINWEIS!

Leider werden auch völlig unseriöse Testverfahren angeboten, wie Speicheltests, Haaranalysen oder Bioresonanz. Deren Ergebnisse liefern keine wissenschaftlich begründeten Ergebnisse hinsichtlich einer Futtermittelallergie oder Unverträglichkeit!

Die Ausschlussdiät

Die einzige Möglichkeit, eine Allergie zu diagnostizieren, ist die Ausschlussdiät (Eliminationsdiät). Dabei darf der Hund ausschließlich Dinge bekommen, die er noch nie zuvor gefressen hat (weder als Fertigfutter noch gekocht noch roh noch als Leckerli) – denn darauf kann das Immunsystem nicht reagieren.

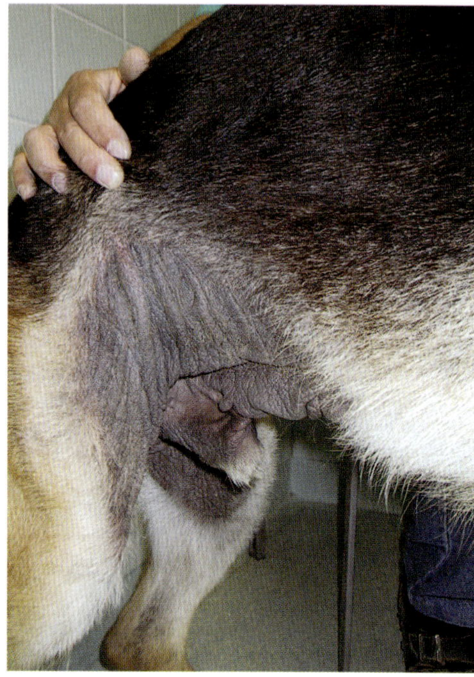

Allergien sind hinsichtlich ihrer Ursache oft schwierig abzuklären. Klarheit gibt nur eine Ausschlussdiät. © A. Deutz

Dafür gibt es zwei Möglichkeiten:

1. **Diätfutter** für Allergiker: In hydrolysierten Diätfuttermitteln wird das Eiweiß „vorverdaut“, sodass es nur mehr aus kleinen Bruchstücken besteht, die das Immunsystem nicht wahrnimmt. Außerdem sind auch die anderen Inhaltsstoffe (wie Stärke, Öle) hochwertig und frei von Verunreinigungen, da streng auf die Qualität geachtet wird.
2. **Selbst zubereitet:** Man nimmt dazu eine Fleischsorte (wie Pferd, Wild, Schwein, Strauß oder Ziege) und eine Kohlenhy-

dratquelle (z. B. Süßkartoffeln, Hirse, Amaranth oder Quinoa). Diese Zutaten bekommt der Hund dann über acht bis zwölf Wochen. Rezepte finden Sie auf Seite 126. Auch die Leckerlis dürfen selbstverständlich nur aus den erlaubten zwei Zutaten bestehen. Es gibt zwar eine große Auswahl an Fertigfutter aus exotischen Zutaten, diese sind für eine Ausschlussdiät aber nicht optimal. Sie enthalten fast immer mehr als nur zwei Bestandteile; außerdem kann nie ausgeschlossen werden, dass darin Spuren von anderen Zutaten als den deklarierten enthalten sind (durch Herstellungsprozess, Lagerung und Transport). Bessern sich die Symptome während der Diät und bleiben auch dauerhaft aus, liegt der Verdacht nahe, dass eine Futtermittelallergie oder -unverträglichkeit vorliegt. Die exakte Diagnose liegt in einer Provokation: bekommt der Hund wieder sein früheres Futter und reagiert darauf, steht der Befund fest. Es ist jedoch verständlich, wenn Sie Ihrem Hund neuerlichen Beschwerden nicht zumuten wollen – damit bleibt es bei dem „Verdacht Allergie", der natürlich ausreicht, um in Zukunft beim Füttern vorsichtig zu sein.

Ist Ihr Hund Allergiker, sollten Sie neue Futtermittel sehr sparsam und mit Bedacht einsetzen.

Allergiker dauerhaft richtig füttern

Wer Zeit und Lust hat und/oder kein Risiko eingehen will, kann weiterhin das Futter selbst zubereiten. So ist man immer absolut sicher, was der Hund bekommt. Es spricht auch nichts dagegen, langfristig bei den zwei Zutaten aus der Eliminationsdiät zu bleiben. Wer Abwechslung bieten möchte, führt Schritt für Schritt eine neue Zutat ein (z. B. eine andere Fleischsorte). Behalten Sie diesen Schritt über zwei Wochen bei, um sicher zu gehen, dass keine Reaktion auftritt. So kann eine „Positivliste" erstellt werden aus Zutaten, die der Hund sicher verträgt.

WICHTIG!

Die Eliminationsdiät ist nicht vollwertig! Es fehlen Mineralstoffe, Vitamine, Spurenelemente und essentielle Fettsäuren. Wer dauerhaft kochen möchte, sollte unbedingt eine Rationsberechnung durchführen lassen! Es gibt bereits für Allergiker geeignete Mineralstoffmischungen (ohne Geschmacksstoffe, Trägersubstanzen etc.). Lassen Sie sich von Ihrem Tierarzt beraten!

Auch Fleisch in Dosen ist eine Alternative – so sind exotische Sorten leichter erhältlich (da oft im Internet zu bestellen). Man kann es gut bevorraten und auch in den Urlaub oder die Hundepension mitnehmen. Für Dosenfleisch gilt allerdings dasselbe wie für andere Fertigfutter: Es kann auch während der Herstellung zu Verunreinigungen gekommen sein, selbst wenn nur eine Sorte verarbeitet wurde.

Die hydrolysierten Diätfutter sind Alleinfutter, das heißt, sie beinhalten alle Nährstoffe und können ohne Bedenken dauerhaft gefüttert werden.

Achtung Fallen

- Bei der Fütterung Ihres allergischen Patienten müssen Sie immer ganz sicher sein, was im Futter enthalten ist (bzw. dass nichts enthalten ist, was er nicht verträgt). Lesen Sie generell das Etikett immer sehr kritisch: Wird wirklich nur eine Tierart als Eiweißquelle verwendet oder finden Sie in der Liste der Zutaten noch andere eiweißhaltige Zutaten (z. B. Erbsenprotein, oder Kartoffelprotein)? Futter mit geschlossener Deklaration („Fleisch und tierische Nebenerzeugnisse") scheidet aus – der Hersteller muss Ihnen aber Auskunft über die verwendeten Tierarten und alle sonstigen Zutaten geben.
- Achten Sie darauf, dass Futter für Allergiker möglichst wenige Zutaten enthalten. Die Beigabe von vielen Obst- und Gemüsesorten, Beeren und Kräutern sollte für Allergiker unterbleiben, da jede Zutat das Risiko einer Unverträglichkeit erhöht.
- Auch Dinge, die nicht auf den ersten Blick unter „Futter" fallen, können für einen Allergiepatienten zur Falle werden: Nehmen Sie Ergänzungsfuttermittel (Kräuterpräparate, Vitamintabletten etc.) kritisch unter die Lupe. Sie enthalten oft Geschmacks- oder Trägerstoffe (z. B. Weizenstärke als Trennmittel). Besonders beliebt für Hunde sind Präparate für die Gelenke, wie Glykosaminoglykane – diese werden aus Knorpel gewonnen, auch von Rindern und Schweinen. Auch Tabletten „mit Geschmack" sind für Allergiker nicht geeignet.

Tipps für den Umgang mit Allergikern im Alltag

- Vor dem Füttern gründlich die Hände waschen, besonders, wenn Sie davor Lebensmittel oder Futtermittel berührt haben.

- Futter für den allergischen Hund strikt getrennt von Lebensmitteln und anderen Futtermitteln aufbewahren.
- Den allergischen Hund immer zuerst bzw. getrennt von anderen Tieren füttern.
- Den allergischen Hund immer aus seinen eigenen, gekennzeichneten Futternäpfen füttern.
- Alle Personen, die mit dem Hund in Kontakt kommen, über seine Allergie aufklären und darüber, dass er nichts Unerlaubtes bekommen darf.
- An Familienmitglieder, Besucher und Nachbarn, die dem Hund gern Leckerlis geben möchten, seine erlaubten Belohnungen austeilen.
- Futtermittel und Lebensmittel prinzipiell für den Hund unzugänglich aufbewahren und nichts herumstehen lassen!

Missverständnisse zum Thema Allergie

„Fertigfutter lösen Allergien aus"

Von Kritikern industriellen Fertigfutters wird oft erklärt, dass es an den zunehmenden Allergien „schuld" sei. Das ist wissenschaftlich nicht erklärbar. Bisher konnte kein Zusatzstoff als Allergen identifiziert werden, und Zusatzstoffe werden nur zugelassen, wenn sie erwiesen unschädlich sind. Ist ein Hund gegen eine Zutat allergisch, ist es egal, wie diese zubereitet wird.

„Getreide ist der Hauptverursacher von Allergien"

Getreide, vor allem glutenhältigem Getreide, wird häufig nachgesagt, dass es für Hunde „unnatürlich" und ein „billiger Füllstoff" sei und Krankheiten und Allergien verursache. Auch das ist falsch. Getreide ist prinzipiell eine gut verdauliche Energiequelle. Eine Allergie gegen Gluten und andere pflanzliche Proteine ist möglich, ist aber seltener als Allergien gegen Fleisch.

„Kann man Allergien vorbeugen?"

Das Angebot an „hypoallergenem" oder „allergenfreiem" Futter steigt ständig. Es werden dabei oft sehr exotische Zutaten, wie Büffel, Strauß oder Rentier verwendet. Das erweckt den Eindruck, als könne man Allergien vorbeugen, indem man gewisse Futterzutaten vermeidet und nur „exotisch" füttert. Das funktioniert jedoch nicht. Dass Hunde gegen gewisse Zutaten häufig allergisch sind (wie Geflügel und Rind) liegt alleine daran, dass diese Fleischsorten im Hundefutter oft eingesetzt werden.

TEIL IV: WAS WO DRINSTECKT – KLEINE FUTTERMITTELKUNDE

DIE EIWEISSLIEFERANTEN

Proteine werden auch als Eiweiß bezeichnet. Sie bestehen aus einzelnen Aminosäuren (organische Stickstoffverbindungen). Hochwertiges Eiweiß enthält viele essentielle Aminosäuren. Dabei handelt es sich um Aminosäuren, die der Hund nicht selbst herstellen kann. Diese kann der Hund nur über das Futter aufnehmen.

Fleisch (Muskelfleisch)

Muskelfleisch ist eine sehr hochwertige Eiweißquelle für unsere Hunde. Es enthält alle essentiellen Aminosäuren und hat daher eine hohe biologische Wertigkeit. Dennoch ist Fleisch alleine nicht ausreichend, denn es enthält kein Kalzium sowie nur wenig an Spurenelementen (Jod, Kupfer, Mangan) und fettlöslichen Vitaminen, dafür aber reichlich Phosphor und B-Vitamine.

Das Fleisch unterschiedlicher Tierarten unterscheidet sich in seiner Zusammensetzung nur gering. „Abwechslung" ist daher ernährungsphysiologisch nicht nötig. Wesentliche Unterschiede liegen im Fettgehalt, der auch abhängig ist vom Alter des Schlachttieres und dem Teilstück. Als mager bezeichnet man Fleisch mit bis zu fünf Prozent Fett, das sind z. B. Hühner- oder Putenbrust oder Kalbfleisch. Einen mittleren Fettgehalt haben Hühnerkeulen oder Hühnerflügel, mageres Faschiertes oder Suppenfleisch sowie die meisten Teilstücke vom Lamm oder Schwein. Einen hohen Fettgehalt (> 15 %) haben in der Regel Gulaschfleisch, Hochrippe und gemischtes Faschiertes.

Teile aus der Halsregion, wie „Kopffleisch", Schlund, Kehle oder „Stichfleisch", sollten nicht gefüttert werden, da sie in der Regel Schilddrüsengewebe enthalten. Damit nimmt der Hund Schilddrüsenhormone auf, was zu einer Schilddrüsenüberfunktion führt. Da die genaue Dosis dafür nicht bekannt ist, ist es am sichersten, solche Produkte überhaupt zu vermeiden. Auch durch Erhitzen werden die Hormone nicht inaktiviert!

Zubereitung: Fleisch kann gekocht (überbrüht), gedünstet, angeröstet, im Ofen geschmort oder in der Mikrowelle oder einem Dampfgarer zubereitet werden. Anrösten ergibt einen intensiveren Geschmack als Kochen oder Dämpfen, das wird oft von appetitlosen oder alten Hunden besser angenommen. Für gesunde Hunde muss das Fleisch nicht „zerkocht" werden, es kann gern noch „Biss" haben und innen rosa sein. Die Stücke sollten so groß sein, dass der Hund sie ohne Mühe schlucken kann. Große Stücke, an denen der Hund lange herumkauen muss, bergen die Gefahr von

Luftschlucken und dadurch Blähungen, Verdauungsstörung und ein erhöhtes Riko für Magendrehung.

Für Welpen, empfindliche und genesende (rekonvaleszente) Hunde und Senioren kann man das Fleisch gern faschieren.

Der wesentliche Sinn des Kochens von Fleisch ist das Abtöten von Krankheitserregern. Auch wenn Hunde rohes Fleisch oft mögen und augenscheinlich gut vertragen, hat die Rohfütterung (Barfen) keine gesundheitlichen Vorteile, sondern birgt einige Risiken, vor allem die Infektionsgefahr für den Menschen (siehe Seite 111). Gekochtes Fleisch hat – bis auf den Arbeitsaufwand – keine Nachteile. Dass durch Erhitzen viele Nährstoffe verlorenen gingen, was oft als Argument für Rohfütterung genannt wird, ist stark übertrieben und in der Praxis nicht relevant – auch beim „richtigen Barfen“ müssen Vitamine und Spurenelemente ergänzt werden.

Organe

Innereien, also Organe wie Leber, Herz, Niere und Milz, liefern vor allem Eiweiß. Je nach ihrer Zusammensetzung sind sie unterschiedlich gut verdaulich – so sind Herz (im Grunde ein Muskel), Niere oder Milz sehr gut verdaulich. Innereien mit hohem Anteil an Knorpel- und Bindegewebe, wie Lunge, Kehlkopf und Euter, sind minderwertiger und können zu Blähungen und Durchfall führen, wenn ihr Anteil in der Ration zu hoch ist. **Leber** enthält viel Eisen und Kupfer sowie B-Vitamine und Vitamin A. Die Gehalte schwanken allerdings in Abhängigkeit vom Alter und der Fütterung der Schlachttiere. Zu viel Leber kann abführend wirken! Auch wegen des hohen Gehalts an Vitamin A sollte die Menge eingeschränkt werden. Auf **Innereien** kann grundsätzlich in der Fütterung verzichtet werden. Auch wenn diese gefüttert werden, wie bei typischem Barfen, müssen Vitamine und Spurenelemente trotzdem ergänzt werden.

Zubereitung: Siehe Fleisch.
Innereien mit einem hohen Anteil an Bindegewebe (wie Lunge) werden durch Erhitzen besser verdaulich.

Mägen

Vormägen vom Rind (Pansen, Blättermagen, Haube) sind bei vielen Hunden beliebt, vor allem, wenn sie ungeputzt („grün“) sind. Die Eiweißqualität ist geringer als bei Muskelfleisch, durch die dicke bindegewebige Wand und die „Zotten“. Vormägen enthalten etwas mehr Kalzium als Fleisch (aber immer noch lange nicht ausreichend), wasserlösliche Vitamine und – durch den pflanzlichen Inhalt – auch Ballaststoffe.

Weiters können der Muskelmagen (Ventrikulus) vom Geflügel und Schweinemägen verfüttert werden. Sie sind meist fettreicher.

Zubereitung: Siehe Organe.

Muskelfleisch ist ein idealer Eiweißlieferant für Hunde – egal ob roh, gekocht oder getrocknet.

Fisch

Auch Fische stellen eine hochwertige Eiweißquelle dar. Ganze Fische (inklusive Gräten und Organe) enthalten auch Kalzium, Vitamine und Spurenelemente. Fische liefern insbesondere Jod und Vitamin D – da die Gehalte aber stark schwanken können, sollte man sich nicht auf Fische als alleinige Quelle verlassen. Fettreiche Kaltwasserfische, wie Lachs, Hering, Sardine und Makrele, enthalten viele langkettige Omega-3-Fettsäuren, die wegen ihrer entzündungshemmenden Wirkung therapeutisch eingesetzt werden.

Zubereitung: Siehe Fleisch.

WICHTIG!

Viele Fischarten enthalten ein Enzym namens Thiaminase, welches Thiamin (= Vitamin B1) zerstört. Häufige Fütterung mit rohem Fisch kann daher zu einem Thiaminmangel führen. Durch Erhitzen wird die Thiaminase inaktiviert. Keine Thiaminase enthalten Lachs, Seelachs, Forelle, Barsch, Kabeljau, Heilbutt, Makrele und Scholle. Diese Fische können Sie auch roh füttern.

Kleinere Gräten sind für Hunde kein Problem, größere Gräten sollten entfernt werden, oder man wolft den ganzen Fisch. © stockcreations/shutterstock.com

Eier

Eier enthalten nicht nur hochwertiges Eiweiß, sondern auch andere wichtige Nährstoffe, wie essentielle Fettsäuren, fettlösliche Vitamine und Biotin. Daher kommt auch die „alte Weisheit“, dass ein bis zwei Eidotter pro Woche für ein glänzendes Fell sorgen.

Zubereitung: Rohes Eiweiß sollte nicht gefüttert werden, da es Avidin enthält, das Biotin bindet. Außerdem ist es sehr schlecht verdaulich. Gekochte Eier (zumindest „weich“) können aber gern mehrmals pro Woche, auch täglich, gefüttert werden.

Wer Eierschalen als Kalziumquelle nutzen möchte, sollte die Eier vorher gut abwaschen und die Schalen einige Minuten bei rund 100 °C im Backofen trocknen. Das tötet Keime sicher ab.

Milchprodukte

Die meisten Hunde mögen Topfen, Hüttenkäse oder Joghurt sehr gern. Auch sie stellen hochwertige Eiweißquellen dar, die gut verträglich sind und sich auch zum Aufpäppeln eignen. Da Topfen und Hüttenkäse ähnliche Nährstoff- und Kaloriengehalte haben wie Fleisch, können Sie einen Teil der Fleischmenge durch Milchprodukte ersetzen – gern auch jeden Tag.

Dabei müssen Sie sich keine Sorgen wegen einer Laktoseunverträglichkeit machen. Nennenswerte Gehalte an Laktose enthält nämlich nur Vollmilch. Die meisten Hunde vertragen kleine Mengen Vollmilch (bis 20 ml/kg Körpergewicht) aber problemlos. Vergorene Milchprodukte, wie Joghurt, Hüttenkäse, Topfen oder Käse, enthalten kaum mehr Laktose. Käse kann gut als Belohnung eingesetzt werden; dabei darf man aber nicht vergessen, dass viele Hartkäsesorten fettreich sind. Kalorienärmere Alternativen sind „light“-Käse oder Quargel.

DIE ENERGIELIEFERANTEN

Hunde decken ihren Bedarf an Energie über Öle und Fette oder Kohlenhydrate. Öle (pflanzliche Fette) bestehen so wie tierische Fette aus verschiedenen Fettsäuren. Kohlenhydrate hingegen sind aus organischen Kohlenstoffverbindungen aufgebaut.

Getreideprodukte

Unter Getreide versteht man die Körner von Süßgräsern, die wir als Nahrungsmittel anbauen: Weizen, Roggen, Gerste, Hafer, Reis, Mais und Hirse. Getreide liefert in erster Linie Energie über die enthaltene Stärke, aber auch pflanzliche Proteine, Mineralstoffe, Ballaststoffe und gesunde Fette.

Getreide ist in den letzten Jahren in der Hundeernährung in Verruf geraten, es sei „unnatürlich" und sogar ungesund – das entbehrt aber jeglicher Grundlage. Unsere Haushunde haben sich im Laufe ihre Domestikation an menschliche Nahrung angepasst, die reich an Getreideprodukten ist. Es gibt absolut keine negativen Folgen von Getreide im Hundefutter, eine „Getreideunverträglichkeit" existiert nicht und „Allergieauslöser" sind sie auch nicht. Alternative Kohlenhydrate, wie Kartoffeln, Süßkartoffeln, Quinoa oder Buchweizen, sind nicht „gesünder", sondern manchmal sogar schwerer verdaulich (so wie

Kochen Sie Reis für Hunde immer länger als für uns Menschen und nehmen Sie dafür auch mehr Wasser. © KPhrom/shutterstock.com

Hülsenfrüchte). „Getreidefreies Hundefutter" ist daher nur ein derzeit beliebtes Werbeklischee, auf das man nicht achten muss.

Auch für selbst zubereitetes Futter eignen sich Reis, Nudeln, Polenta, Hafer- oder Weizenflocken hervorragend.

Zubereitung: Rohe Stärke ist kaum verdaulich (auch für uns Menschen nicht), darum müssen Getreideprodukte immer gut erhitzt werden. Kochen Sie Reis, Nudeln, Couscous u. Ä. daher immer sehr weich. Nehmen Sie dafür mehr Wasser und garen Sie etwa zehn Minuten länger als für uns Menschen. Zerkleinern Sie ganze Körner unbedingt vorher (schroten). Flocken und Pops (z. B. Puffmais, Dinkelpops) werden bei der Herstellung schon erhitzt und müssen daher nur kurz eingeweicht werden.

Das Verhältnis von rohen (trockenen) zu gekochten Getreideprodukten beträgt rund 1:4. Das bedeutet, 25 g rohe Nudeln oder Haferflocken entsprechen 100 g gegarten.

Kartoffeln und andere Knollenfrüchte

Auch Kartoffeln stellen eine hochwertige Energiequelle dar, wenn sie sehr weich gekocht sind. Sie sind fett- und daher kalorienarm und eignen sich auch für Diäten. Außerdem sind sie reich an Kalium.

Grüne Stellen und Triebe müssen vor der Zubereitung entfernt werden, denn die grünen Teile der Pflanze sind giftig! Da das Solanin ins Kochwasser übergeht, sollte Kochwasser von Kartoffeln immer entsorgt werden. Süßkartoffeln, Maniok und Topinambur eignen sich auch gut für Allergiker.

Zubereitung: Siehe Getreide.

Obst, Gemüse und Kartoffeln liefern Vitamine und Mineralstoffe. Dennoch ist deren Menge für den Hund nicht ausreichend. Eine Ergänzung ist zusätzlich erforderlich!

Es gibt ebenfalls bereits vorgegarte Kartoffelflocken. Für sie gilt ein Verhältnis von 1:5. Das heißt, 20 g rohe Kartoffelflocken entsprechen 100 g gekochten Kartoffeln.

Öle und Fette

Öle und Fette erfüllen in der Fütterung zwei Aufgaben: Erstens die Versorgung mit essentiellen Fettsäuren; zweitens liefern sie Energie. Fett stellt dem Hund dabei rund doppelt so viele Kalorien bereit wie Kohlenhydrate und Proteine.

Die essentiellen Fettsäuren sind Linolsäure (Omega-6) und α-Linolensäure (Omega-3). Linolsäure findet sich vor allem in Pflanzenölen: Distelöl, Sonnenblumenöl, Sojaöl und Nachtkerzenöl. Sie ist aber auch in Maiskeimöl, Weizenkeimöl, Hanföl, Walnussöl und Kürbiskernöl enthalten. α-Linolensäure ist vor allem in Leinöl, aber auch in Rapsöl und Hanföl zu finden.

HINWEIS!

Hunde benötigen täglich Pflanzenöle, je mehr, umso magerer das Fleisch ist. Eine Faustregel besagt: zu magerem Fleisch 1 Esslöffel (EL) = 10 g Öl pro 10 kg Körpergewicht.

Exotische Öle, wie Schwarzkümmel- oder Arganöl, sind modern, haben aber keine besonderen Eigenschaften oder Vorteile gegenüber heimischen Ölen. Im Gegenteil, durch den hohen Anteil an ätherischen Ölen können sie reizend und allergen wirken.

Das beliebte Kokosöl enthält keine essentiellen Fettsäuren und ist daher kein sinnvolles Öl für Hunde (außer, der Hund mag den Geschmack). Eine Wirkung gegen Parasiten hat es nicht (weder innerlich noch äußerlich).

Tierische Fette, wie Butter, Schmalz oder Rindertalg, können dazu verwendet werden, den Energiegehalt zu erhöhen (auch zu Fertigfutter dazu) oder das Futter schmackhafter zu machen.

Nüsse und Samen

Nüsse (Walnüsse, Mandeln, Haselnüsse; auch exotische wie Pekannüsse oder Cashewnüsse); und Samen (Kürbiskerne, Sonnenblumenkerne, Sesam) enthalten gesunde Fette und Spurenelemente (Kupfer, Mangan, Selen). Sie können jedoch nur eine Ergänzung darstellen, bei realistischer Menge (1–2 Esslöffel) reichen sie alleine nicht aus, den Bedarf eines Hundes zu decken.

Nüsse können als gesunde Belohnung gegeben werden. Knackt sich der Hund selbst Walnüsse aus dem Garten, muss darauf geachtet werden, dass sie nicht schimmlig sind.

WICHTIG!

Hunde dürfen keine Macadamianüsse bekommen! Die sind für sie giftig (siehe Seite 89)!

BALLASTSTOFFE

Ballaststoffe tragen wenig zur Deckung des Energie- und Eiweißbedarfs bei. Dennoch spielen sie verdauungsphysiologisch eine wichtige Rolle. Bekommen Hunde zu wenig davon, können Verdauungsstörungen die Folge sein.

Gemüse und Obst

Gemüse liefert dem Hund in erster Linie Ballaststoffe, aber auch wasserlösliche Vitamine und Carotinoide (die Vorstufe von Vitamin A). Allerdings hat Gemüse für den Hund nicht dieselbe Bedeutung wie für uns Menschen. Auch bei reichlicher Gabe von Gemüse ist die Ergänzung von Vitaminen und Spurenelementen für den Hund immer nötig. Wenn ein Hund Gemüse absolut ablehnt, ist das kein Grund zur Sorge und man muss ihn nicht „zwingen" Gemüse zu fressen.

An manchen Stellen kann man lesen, dass Hunde keine Tomaten, Paprika oder Auberginen (Melanzani) fressen dürfen – das ist falsch! Sie gehören alle zu den Nachtschattengewächsen, aber von diesen sind nur die grünen Teile giftig (Blätter, Stängel, unreife Früchte). Die reifen Früchte können bedenkenlos gefüttert werden, auch roh.

An Obst dürfen alle Sorten gegeben werden, außer Weintrauben und Avocados (siehe Seite 89)! Bei Steinobst ist der Kern zu entfernen, denn erstens kann er bei Verschlucken im Darm stecken bleiben, und zweitens ist der Keim im Inneren giftig (Blausäure).

Zubereitung: Ob man das Gemüse roh oder gegart verfüttert, hängt von den persönlichen Vorlieben ab. Gedünstetes oder püriertes Gemüse ist besser verdaulich, rohes Gemüse kann dafür auch in großen Stücken als Beschäftigung oder Belohnung gegeben werden. Dabei kann es sein, dass unverdaute Stücke im Kot erscheinen, was aber völlig harmlos ist. Grundsätzlich können alle Gemüse roh gefüttert werden, die auch wir Menschen roh essen, mit der Ausnahme von Zwiebel, Knoblauch und allen anderen Zwiebelgewächsen, welche in jeder Form giftig sind (siehe Seite 87)!

Eine praktische Alternative zu frischem Gemüse sind getrocknete Gemüseflocken. Auch tiefgefrorenes Gemüse und Babybrei können verwendet werden.

VORSICHT, GIFTIG! LEBENSMITTEL, DIE NICHT IM NAPF LANDEN DÜRFEN

Unbedacht können einige Nahrungsmittel, die für den Menschen vollkommen ungiftig sind, bei Hunden Vergiftungserscheinungen hervorrufen, so auch Schokolade!

Zwiebel & Knoblauch

Alle Zwiebelgewächse (neben Zwiebel und Knoblauch auch Lauch, Bärlauch, Schnittlauch, Schalotten) enthalten chemische Verbindungen, welche die roten Blutkörperchen schädigen. Eine Vergiftung führt daher zu Anämie („Blutarmut"). Knoblauch wird manchmal als „natürliches Heilmittel" gegen Parasiten empfohlen – eine solche Wirkung ist aber wissenschaftlich widerlegt! Bitte verwenden Sie geeignete Mittel vom Tierarzt zum Entwurmen und zur Prophylaxe gegen Zecken und Flöhe.

HINWEIS!

Leider findet man im Handel immer wieder Hundefutter oder „Kräutermischungen", die Knoblauch, Bärlauch oder Schnittlauch enthalten. Auch wenn die täglich gefütterte Menge deutlich unter der akuten toxischen Dosis von 5 g/kg Körpergewicht liegt, wissen wir nicht, ob sich die Giftstoffe nicht bei langfristiger Aufnahme im Körper anreichern – daher lieber Hände weg von solchen Produkten.

Kakaoprodukte, Koffein

Hunde können Koffein und Theobromin (Kakao!) schlechter abbauen als Menschen. Die anregende Wirkung ist daher stärker und kann bis hin zu einer lebensbedrohlichen Vergiftung reichen. Besonders gefährlich sind schwarzer Kaffee und dunkle Schokolade (Kochschokolade, Kuvertüre) mit hohem Kakaoanteil. Tabelle 12 gibt Richtwerte an, wieviel Theobromin in einem Gramm enthalten ist. Besonders hohe Gehalte sind in Kakaopulver und Kochschokolade enthalten.

Wichtig! Für einen fünf Kilogramm schweren Hund können bereits 30 g Kochschokolade tödlich sein! Auch koffeinhaltige Energydrinks und Medikamente können Hunden gefährlich werden.

TIPP!

Um zu überprüfen, ob die aufgenommene Menge Schokolade gefährlich ist, finden Sie „Schokoladenrechner“ im Internet. Sie sollten Ihren Hund genau beobachten und bei Auffälligkeiten sofort einen Tierarzt aufsuchen!

Tabelle 12: Theobromingehalte in verschiedenen Kakaoprodukten (nach Gwaltney-Brant, 2001; Albretsen, 2004; Carson, 2006)

Produkt	Menge an Theobromin
Kakaopulver	14–26 mg/g
Kochschokolade	13,8–15,9 mg/g
Kakaobohnen	10,6–53 mg/g
Kakaobohnenschalen	5,3–9 mg/g
Instant Kakao	4,8 mg/g
Dunkle Schokolade	4,8 mg/g
Kakaoschalenmulch	2–32 mg/g
Milchschokolade	1,6–2,1 mg/g
Weiße Schokolade	0,009 mg/g

Das darf nicht in den Hundemagen: Zwiebel, Schokolade, Weintrauben, Macadamianüsse und Avocados!

Weintrauben und Rosinen

Es gab weltweit einige Berichte von schweren Vergiftungen mit Nierenversagen bei Hunden nach der Aufnahme von Rosinen, Weintrauben und Trester. Als Ursache wird mittlerweile die Weinsäure diskutiert. Die Reaktion dürfte individuell verschieden sein, da manche Hunde ohne Probleme regelmäßig Weintrauben fressen. Trotzdem sollten Hunde sicherheitshalber keine Weintrauben oder Rosinen bekommen.

Avocados

Der Stoff Persin in der Avocadopflanze (Blätter und Früchte) schädigt das Herz und die Milchdrüse. Auch Todesfälle bei Hunden sind dokumentiert.

Macadamianüsse

Macadamianüsse können Erbrechen, Fieber, Schwäche und Lähmungserscheinungen hervorrufen. Die Ursache ist unbekannt. Gemäß der verfügbaren Literatur dazu haben sich bislang alle betroffenen Hunde wieder erholt.

Xylit „Birkenzucker“

Xylit (Xylitol) ist ein pflanzlicher Zuckerersatzstoff (E 967), der als Backzutat erhältlich ist. Er wird wegen seiner kühlenden Wirkung auf der Zunge oft in Zahnpasta, Kaugummi und Lutschbonbons verwendet. Im Gegensatz zum Menschen bewirkt er beim Hund die Ausschüttung von Insulin, was zu einem Absinken des Blutzuckerspiegels bis zur Bewusstlosigkeit führt. **Unterzucker ist lebensgefährlich!** Gehen Sie sofort zum Tierarzt! Im Notfall können Sie dem Hund Honig oder Sirup auf die Lefzen schmieren. Achtung! Bitte flößen Sie dem Hund keinesfalls etwas ein, wenn er nicht mehr ganz bei Bewusstsein ist!

Kochsalz?

Grundsätzlich ist eine Salzvergiftung bei Hunden sehr selten. Die toxische Dosis ist hoch, sie liegt bei 2 g/kg Körpergewicht. Man kann also ohne Bedenken Reis oder Nudeln verfüttern, die in Salzwasser gekocht wurden. Auch sehr salzige Lebensmittel, wie Chips oder Pommes frites, sowie Meerwasser stellen in überschaubaren Mengen keine Gefahr dar. Der Körper spült das überschüssige Salz aus. Daher bekommt der Hund nach Aufnahme salziger Lebensmittel mehr Durst und produziert mehr Harn. Die in der Fachliteratur beschriebenen Vergiftungen entstanden entweder durch extrem salzige Substanzen (Salzteig) oder wenn Hunde keinen Zugang zu Wasser hatten.

HINWEIS!

Bei Vergiftungsverdacht sofort zum Tierarzt!

Wenn Sie beobachtet haben oder nur den Verdacht hegen, Ihr Hund könnte etwas Giftiges aufgenommen haben, gehen Sie sofort zum Tierarzt! Versuchen Sie keinesfalls, selbst Erbrechen auszulösen durch Eingeben von Salzwasser oder anderen „Hausmitteln“!

TEIL V: NAHRUNGS-ERGÄNZUNGEN

KLEINE MENGE, GROSSE WIRKUNG?

Nahrungsergänzungen für Hunde gibt es fast wie Sand am Meer: Vitamine, Algen, Kräuter, Grünlippmuschel und Öle. Doch was macht wirklich Sinn für unsere Vierbeiner, woran erkennt man gute Qualität, und was kann vielleicht sogar schaden?

Rechtliches

Alles, was zur Verfütterung an Tiere bestimmt ist, fällt unter die Futtermittelverordnung. Sie regelt u. a., wie Futtermittel beschriftet werden müssen und auch, wie geworben werden darf. Das gilt ebenso für die umgangssprachlich „Nahrungsergänzungen" genannten Produkte, die korrekt „Ergänzungsfuttermittel" oder „Mineralfuttermittel" sind. Es muss die „Zusammensetzung" (die verwendeten Zutaten) in absteigender Reihenfolge ihres Anteiles angegeben sein sowie alle verwendeten Zusatzstoffe (Vitamine, Spurenelemente, Aminosäuren). Sofern es sich nicht um Diätfuttermittel handelt (die in einer separaten EU-Verordnung geregelt sind), darf nicht mit Aussagen geworben werden, die sich auf die Linderung oder Heilung von Krankheiten beziehen. Außerdem darf ein Futtermittel nicht den Anschein eines Medikamentes erwecken. Behauptungen müssen auf jeden Fall nachweisbar sein. So sind Kräuterpräparate, die angeblich gegen Parasiten wirken sollen, oder pauschale Aussagen wie „unterstützt den Stoffwechsel" jedenfalls wenig glaubwürdig. Fragen Sie im Zweifel nach klinischen Studien!

Es gibt viele Nahrungsergänzungen für Hunde – nicht alle sind sinnvoll und manche können sogar schaden. © A. Deutz

Ausgewogen muss es sein

Ob ein Tier zusätzlich zu seinem „Hauptfutter" weitere Nährstoffe braucht, hängt davon ab, was man füttert: Dosen- und Trockenfutter sind in der Regel Alleinfutter. Das bedeutet, sie müssen alle Nährstoffe in der korrekten Dosis enthalten, die Hunde täglich brauchen – so ist es gesetzlich vorgeschrieben. Zusätzliche Nährstoffe sind für einen gesunden Hund also überflüssig.

Bei manchen Krankheiten kann eine höhere Dosis an gewissen Nährstoffen hilfreich sein – dafür gibt es Präparate beim Tierarzt.

Wer hingegen kocht oder barft, muss Mineralstoffe und Vitamine gezielt ergänzen – denn auch mit den hochwertigsten Zutaten alleine, egal ob gekocht oder roh, ist eine ausgewogene Ernährung kaum möglich. Barfer bevorzugen meist einzelne Ergänzungen, wie Seealgenmehl fürs Jod oder Lebertran fürs Vitamin D. Es gibt auch schon fertige „Barf-Mischungen" – dabei ist unbedingt darauf zu achten, dass die Nährstoffgehalte angegeben sind, damit man weiß, wie man diese Produkte dosieren muss.

Möchte man nicht „klassisch Barfen", sondern es einfacher haben, eignen sich sogenannte komplette oder vitaminisierte Mineralfutter, die alle Vitamine und Mineralstoffe ergänzen, die in den „Hauptzutaten" (Fleisch, Gemüse, Kohlenhydrate) fehlen, wie Kalzium, Phosphor, Natrium (Salz), Magnesium, Eisen, Kupfer, Zink, Jod, Mangan, Selen, Vitamin A, Vitamin D, Vitamin E und B-Vitamine.

Da Spurenelemente und Vitamine gesetzlich geregelte Zusatzstoffe sind, müssen diese auch bei Mineralfutter unter der Überschrift „ernährungsphysiologische Zusatzstoffe" gelistet sein, unter Angabe der chemischen Bezeichnung bzw. Zulassungsnummer und Menge/kg des Produkts.

Eierschalen

Eierschalen bestehen zu 90 % aus Kalziumkarbonat („Kalk") – oder anders ausgedrückt: 37 g Kalzium pro 100 g – und sind daher zur Ergänzung von Kalzium gut geeignet. Man kann sie fertig gemahlen kaufen oder die im Haushalt anfallenden verwenden – diese sollten aber sicherheitshalber erhitzt werden, um sie zu desinfizieren (siehe Seite 82).

Futterkalk

Futterkalke bestehen hauptsächlich aus Kalziumkarbonat und werden aus Kalkstein (Kreide) hergestellt. Sie enthalten 36–40 % Kalzium. Da sie nicht tierischen Ursprungs sind, sind sie auch für Allergiker geeignet.

Knochenmehl

Gemahlene Knochen enthalten rund 14–33 % Kalzium und 7–18 % Phosphor – je nachdem, welche Knochen verarbeitet wurden und wie viel organisches Material noch dabei ist.

Bei allergischen Hunden muss man sorgfältig lesen, von welchem Tier das Knochenmehl stammt – oder man verwendet sicherheitshalber mineralisches Mono- oder Dicalciumphosphat.

Salz

Umgangssprachlich meinen wir mit „Salz" in der Regel das Kochsalz oder Speisesalz (Natriumchlorid). Es ist das für Menschen und Tiere wichtigste Mineral und wird aus der Natur durch Bergbau (Steinsalz) oder aus dem Meer gewonnen. Da das Steinsalz durch Austrocknung von Meeren und Ablagerung von Meersalz vor Jahrmillionen entstand, ist es weitgehend ident.

Speisesalz enthält 38 % Natrium und 60 % Chlorid sowie eine geringe Menge Wasser und mineralische Verunreinigung. Diese Verunreinigungen sorgen dafür, dass manche „exotische Salze", wie etwa Himalayasalz oder Vulkansalz, Verfärbungen aufweisen – eine besondere Wirkung haben sie deswegen aber nicht.

Da Fleisch und Innereien Natrium und Chlorid in der Gewebsflüssigkeit enthalten, benötigen Hunde zusätzlich wenig Salz. Außerdem erleiden sie keine großen Salzverluste durch Schwitzen, wie Pferde und Menschen.

Wer für seinen Hund kocht, kann gern eine Prise Salz verwenden, das verbessert auch die Akzeptanz. Auch Mineralfutter enthalten meist Natriumchlorid. Die Frage „Ist zu viel Salz für Hunde giftig?“ klären wir auf Seite 89.

Speisesalz für Menschen wird oft mit Jod versetzt, um einem Jodmangel der Bevölkerung vorzubeugen. Jodiertes Salz schadet einem Hund nicht. Der Jodgehalt im Salz reicht aber nicht aus, den Jodbedarf des Hundes zu decken, da dieser höher ist als der des Menschen.

Lebertran

Lebertran („Fabriktran“) wird hauptsächlich aus der Leber von Kabeljau, aber auch von Schellfisch, Seehecht, Pollack oder Rochen gewonnen. Er besteht aus leicht verdaulichen Fetten (darunter auch Omega-3-Fettsäuren) und enthält hohe Mengen an Vitamin A und D, außerdem Vitamin E, Jod und Phosphor.

Mit Lebertran kann man einfach und natürlich eine ausreichende Vitamin D-Zufuhr gewährleisten. Dafür reicht pro Woche ein Teelöffel pro zehn Kilogramm Körpergewicht – wie bei allen Ergänzungen, sollte der exakte Gehalt an Vitaminen bekannt sein.

HINWEIS!

Lebertran ist nicht dasselbe wie Fischöl, welches aus dem Fettgewebe von Kaltwasserfischen (Lachs, Hering) hergestellt wird. Fischöl enthält mehr ungesättigte Omega-3-Fettsäuren, aber kein Vitamin D.

Bierhefe

Die Bierhefe (oder Backhefe, lateinischer Name *Saccharomyces cerevisiae*) ist ein Pilz, der beim Bierbrauen eingesetzt wird, um die alkoholische Gärung einzuleiten. Die Hefe ernährt sich von Glukose und setzt sie zu Alkohol um. Die sich vermehrende Hefe wird dann herausgefiltert und getrocknet.

Hefe enthält reichlich B-Vitamine (außer Vitamin B12), Eiweiß und Mineralstoffe (Zink, Magnesium).

Bierhefe wird beim Barfen als Vitamin B-Quelle und zum Aufpäppeln und Appetitanregen verwendet. Ein Mangel an B-Vitaminen beim Hund ist extrem unwahrscheinlich, eine Überdosierung schadet allerdings auch nicht. Schließlich werden diese wasserlöslichen Vitamine über den Harn ausgeschieden.

Wichtig:

Bei eiweißarmer oder purinarmer Diät (aufgrund von Urat-Harnsteinen) darf Bierhefe nicht eingesetzt werden.

Hagebuttenpulver ist eine natürliche Vitamin C-Quelle. Fischöl oder Lebertran sorgen für eine Extraportion an Omega-3-Fettsäuren.

Hagebuttenpulver

Hagebutten sind die Früchte wilder Rosen. Sie schmecken säuerlich und enthalten viel Vitamin C und werden auch von Menschen genutzt, meist für Tee und Marmelade.

Da Hunde im Körper selbst Vitamin C produzieren, ist eine Ergänzung nicht nötig. Am ehesten kann eine zusätzliche Vitamin C-Gabe in stressreichen Situationen, nach Krankheiten, bei alten Hunden und Krebspatienten sinnvoll sein – fragen Sie aber sicherheitshalber Ihren Tierarzt!

Kieselerde

Ist ein unscharfer Begriff für Mineralien und Sedimente mit hohem Siliziumgehalt. In der Ernährung meint man damit Kieselgur (Diatomeenerde), die aus den Schalen fossiler Kieselalgen und damit aus amorphem (nicht-kristallinem) Siliciumdioxid (SiO_2) besteht.

In der Humanernährung wird Kieselerde bei brüchigen Haaren und Fingernägeln sowie zur Unterstützung des Bewegungsapparates empfohlen – ein Nachweis einer solchen Wirkung fehlt.

Algen

Bei Algen als Nahrungsergänzung muss man grundsätzlich zwischen den Seealgen (*Ascophyllum nodosum*), eigentlich Tang, und den Süßwasseralgen Chlorella und Spirulina unterscheiden.

Erstere enthalten viel Jod und werden daher beim Barfen und auch in manchen Fertigfuttermitteln als Jodquelle eingesetzt. Dabei sollte man immer wissen, wie der Jodgehalt der jeweiligen Charge ist, denn dieser kann stark schwanken. Seriöse Hersteller haben diese Information.

Chlorella und Spirulina werden als „Superfoods" vermarktet, die den Köper „entgiften" und allgemein die Gesundheit fördern sollen. Für solche Aussagen fehlen jegliche wissenschaftlichen Beweise.

Honig, Propolis, Blütenpollen

Bienenprodukte, vor allem das Bienenharz (Propolis), haben antimikrobielle und antioxidative Eigenschaften durch die Inhaltsstoffe der Pflanzen, aus denen die Bienen sie erzeugt haben. Sie werden daher in der Volksmedizin zur Hautpflege, Wundbehandlung, als Kosmetika und allgemein zur „Stärkung der Gesundheit" und zur Vorbeugung von Krankheiten eingesetzt. Doch auch dafür gibt es keinerlei Nachweise, und wie für viele „Wundermittel aus der Natur" gilt: was in der Petrischale funktioniert, gilt nicht automatisch auch für einen ganzen Organismus.

Honig besteht hauptsächlich aus Fruchtzucker und Traubenzucker. Er war lange Zeit, bis zur Entwicklung der Zuckerherstellung aus Zuckerrüben und Zuckerrohr, das einzige Süßungsmittel. Er hat eine höhere Süßkraft als Saccharose, aber auch etwas mehr Kalorien. Gesundheitliche Vorteile von Honig gegenüber industriell hergestelltem Zucker gibt es nicht, die Bedeutung der enthaltenen Mineralstoffe ist gering im Verhältnis zum Tagesbedarf eines Hundes. Wenn Ihr Hund den Geschmack mag, kann er gerne Honig in sein Futter oder als Snack bekommen.

Kokosöl, Kokosflocken

Kokosöl und Kokosflocken sind in den letzten Jahren als Ergänzung für Hunde modern geworden, sowohl beim Barfen als auch zur „Behandlung" gegen Parasiten, innerlich wie äußerlich.

Dazu ist zu sagen: Bitte behandeln Sie Ihren Hund gegen Parasiten mit Mitteln vom Tierarzt! Diese wirken nachweislich, sind sorgfältig getestet und haben selten Nebenwirkungen! Berichte in sozialen Medien von „Vergiftungen" und anderen schrecklichen Nebenwirkungen sind fast immer falsch oder stark übertrieben. Würden „natürliche Mittel", wie Öle oder Kräuter, tatsächlich gegen Parasiten helfen, würden Tierärzte sie mit Freuden einsetzen!

Als Nahrungsergänzung ist Kokosöl auch nicht sinnvoll, da es keine essentiellen Fettsäuren enthält. Mag Ihr Hund den Kokosgeschmack, spricht nichts dagegen, aber dann muss er zusätzlich andere Pflanzenöle bekommen (siehe Seite 85).

Heilerde

Heilerde besteht aus Löß-, Ton- oder Moorerde mit einem hohen Anteil an Silikaten, dazu auch Feldspat, Kalkspat oder Dolomit, je nach Abbaugebiet. Heilerde wird bei Menschen sowohl äußerlich, bei Entzündungen, Schwellungen und unreiner Haut, als auch innerlich bei Verdauungsstörungen und Magenübersäuerung eingesetzt. Einen wissenschaftlichen Beweis für eine Wirkung gibt es nicht, allerdings machen manche Tierhalter positive Erfahrungen bei Verdauungsproblemen. Da es kaum Nebenwirkungen gibt, kann man es also versuchen – allerdings nicht dauerhaft und nicht zusammen mit Medikamenten, da diese sonst gebunden werden könnten.

WICHTIG!

Zur Ergänzung von Mineralstoffen, wie manchmal empfohlen, ist Heilerde NICHT geeignet.

Für die Gelenke

Besonders beliebt bei Hunden sind Ergänzungen „zur Unterstützung der Gelenke", wie Glukosamin/Chrondroitin, Grünlippmuschel, Kollagen, Teufelskralle oder organisch gebundener Schwefel wie Methylsulfonylmethan (MSM) oder Dimethylsulfon. Dazu ist zu sagen, dass es keine 100%ige Garantie gibt, dass sie tatsächlich wirken. Es gibt klinische Studien, die eine Wirkung nachweisen konnten, andere fanden nur einen Placebo-Effekt. Da aber kaum Nebenwirkungen bekannt sind, lohnt sich ein Versuch. Die besten Effekte sind bei leichten und mittelschweren Formen von Arthrose zu erwarten. Dabei greift man am besten zu Mitteln vom Tierarzt, bei denen Inhaltsstoffe und Dosierung genau angegeben sind.

Als am besten gesichert gilt die entzündungshemmende Wirkung der ungesättigten Omega-3-Fettsäuren (PUFA = engl: polyunsaturated fatty acids, deutsch: mehrfach ungesättigte Fettsäuren). Sie sind in Öl aus Meeresfischen (Lachs, Hering) zu finden. Achten Sie darauf, dass Lachsöl mind. 30 % davon (EPA (Eicosapentaensäure) + DHA (Docosahexaensäure)) enthält. Man kann auch Lachsölkapseln für Menschen geben (eine Kapsel auf zehn Kilogramm Körpergewicht vom Hund).

Für Vegetarier und Allergiker gibt es mittlerweile auch Omega-3-Öl-Produkte aus Algen.

Kräuter

Der Zoohandel hat eine Vielzahl an Kräutermischungen, die bei verschiedenen Beschwerden wirken sollen, sowie zur „Kräftigung" oder „Entgiftung". Wie bereits erwähnt, darf ein Futtermittel nicht den Anschein eines Medikaments erwecken. Für viele Kräuter gibt es keine Untersuchungen, ob und wie sie beim Hund wirken. Dazu kommt, dass bei solchen Mischungen die Dosis jedes einzelnen Krauts klein ist, und auch die Qualität ist oft nicht bekannt. Kräutermischungen aus dem Zoohandel sind daher sehr wahrscheinlich wirkungslos.

Auch zur Ergänzung von Spurenelementen und anderen Nährstoffen sind Kräuter in üblicher Dosis nicht geeignet. Sie können Ihrem Hund jedoch gern Küchenkräuter ins Fressen geben, wenn er das mag, wie Petersilie, Majoran, Oregano, Kerbel, Minze oder Melisse. Nur bitte keinen Schnittlauch (siehe Seite 87)!

HINWEIS!

Häufig setzen Menschen Kräuter und Heilpflanzen ein, da sie diese für weniger schädlich als Medikamente halten. „Natürlich“ bedeutet aber keineswegs automatisch „harmlos“! Die Natur hat gefährliche Gifte hervorgebracht. Während Medikamente sorgfältig überwacht und zugelassen werden, sind mögliche Schadwirkungen von vielen Kräutern und „Naturstoffen“ am Hund völlig unbekannt.

Richtig verabreichen

Die meisten Nahrungsergänzungen können Sie dem Hund mit dem Futter vermischt geben. Es gibt allerdings auch Ausnahmen. Zink sollte immer auf nüchternen Magen verabreicht werden. Nimmt das Tier das Futter wegen des fremden Geruchs nicht an, können Sie das Präparat auch in einem geruch- und geschmacksintensiven Leckerbissen, wie Leberpastete, Schmalz oder Käse, verstecken. Fragen Sie aber bei kranken Tieren Ihren Tierarzt, welche Leckerlis erlaubt und welche „tabu“ sind! Klappt das nicht, ist das Eingeben von Tabletten aber grundsätzlich kein Problem, können Sie in der Apotheke Pulver in Kapseln abfüllen lassen.

WICHTIG!

Vorsicht ist generell geboten bei Tieren mit Futtermittelallergien. Viele Ergänzungen enthalten Geschmacks- und Trägerstoffe, wie Geflügelprotein, Weizenstärke oder Milchprodukte. Lesen Sie daher sorgfältig die Zusammensetzung und vergleichen Sie verschiedene Hersteller! Während einer Ausschlussdiät sollte auf jegliche Nahrungsergänzungen verzichtet werden.

Achtung bei Allergikern: Die Kapseln bestehen in der Regel aus Gelatine von Rindern oder Schweinen. Es gibt aber auch Kapseln aus pflanzlicher Zellulose. © metodej/shutterstock.com

TEIL VI: GEKAUFT, GEKOCHT ODER ROH?

EINFACH PRAKTISCH – FERTIGFUTTER

Fertigfutter ist praktisch. Mit einem Griff in den Sack oder dem Öffnen einer Dose kann man seinen Hund mit allem versorgen, was er braucht. Ausgewogenes Fertigfutter hat sicherlich mit dazu beigetragen, dass unsere Hunde länger und gesünder leben. Der Markt an Hundefutter ist in den letzten Jahren enorm gewachsen, und die Werbung ist oft sehr emotional und kann irreführend sein mit Slogans wie „getreidefrei", „natürlich" und „mit hohem Fleischanteil". Aber worauf kommt es bei gutem Hundefutter wirklich an?

Das Wichtigste – die Nährstoffe

Aus tierärztlicher Sicht muss ein Futter vor allem eines: Den Hund optimal mit Nährstoffen versorgen. Der exakte Gehalt an Nährstoffen ist für den Konsumenten jedoch nicht einfach ersichtlich. Ein wichtiger Hinweis ist die Bezeichnung „Alleinfutter" oder „Ergänzungsfutter": Ein Alleinfutter muss so zusammengesetzt sein, dass es bei alleiniger Fütterung den gesamten Nährstoffbedarf des Hundes deckt. Ergänzungsfutter sind nicht vollwertig, sondern sie müssen mit anderen Zutaten kombiniert werden (klassische Beispiele sind Fleisch in Dosen oder Hundeflocken). Die auf der Packung angegebenen „Rohnährstoffe" erlauben einen groben Überblick bzw. Vergleich zwischen den Produkten.

TIPP!

Fast jeder Hersteller bietet auf seiner Website wesentlich mehr Informationen als auf der Packung.

Tabelle 13a: Richtwerte für den Nährstoffgehalt für Trocken- bzw. Feuchtfutter für erwachsene Hunde

Nährstoff in 100 g	Einheit	Trockenfutter	Feuchtfutter
Rohprotein	g	20–25	5,5–8
Rohasche	%	‹ 12	‹ 2
Rohfaser	%	› 1	› 0,2
Rohfett	%	5,5–18	2–8
Kalzium	%	0,8–1,2	0,23–0,35

Tabelle 13b: Richtwerte für den Nährstoffgehalt für Trocken- bzw. Feuchtfutter für erwachsene Hunde

Nährstoff in 100 g	Einheit	Trockenfutter	Feuchtfutter
Phosphor	%	0,6–0,9	0,13–0,26
Kalzium:Phosphor	Verhältnis	1,1–1,8	1,1–1,8
Zink	mg	9–10	2–4
Jod	µg	120–240	25–50
Vitamin A	IE	800–1.700	250–500
Vitamin D	IE	85–170	25–50

Wie wird Fertigfutter eigentlich hergestellt?

Hinsichtlich der Herstellungstechnik unterscheidet man zwischen **Trockenfutter** und **Nassfutter** (Dosen, Schälchen, Frischebeutel).

Trockenfutter im Sack

Für die Erzeugung von Trockenfutter werden die Zutaten (Fleisch und tierische Produkte, Getreideprodukte, Mineralstoffe, ...) getrocknet, fein vermahlen und gut vermischt. Im sogenannten Extruder wird Wasser zugefügt und unter Hitze und Druck der Teig vermengt. Dadurch werden die Zutaten gegart, besser verdaulich und hygienisch. Die Mischung wird durch eine Lochscheibe gepresst. Durch das plötzliche Absinken von Druck und Temperatur verdunstet das Wasser, die Bröckchen dehnen sich aus. Danach werden sie abgekühlt und mit einer fetthaltigen Schicht ummantelt („Coating"). So können hitzeempfindliche Stoffe, wie Vitamine, zugefügt werden.

Trockenfutter enthalten in der Regel Antioxidantien (zum Schutz der Fette vor Oxidation) und manchmal auch Konservierungsmittel (zum Schutz vor Mikroorganismen). Diese müssen unter „Zusatzstoffe" deklariert sein. Nach dem Öffnen bewahrt man Trockenfutter am bestem im Sack (wegen der Rückverfolgbarkeit) in einer gut verschließbaren Dose oder Tonne auf.

Als „halbfeucht" werden solche Futter bezeichnet, die auch extrudiert, aber dann nicht ganz getrocknet werden. Sie behalten dabei rund 20 % Feuchtigkeit, sodass die Kroketten weich bleiben.

So genannte „kaltgepresste" Futter werden pelletiert. Das bedeutet, die pulverförmigen Zutaten werden lediglich fest zusammengepresst. Auch dabei entsteht Hitze – und

Trockenfutter gibt es in mehreren Varianten: trocken, halbfeucht, kaltgepresst oder gebacken. Ein gesundheitlicher Vor- oder Nachteil einer dieser Herstellungsarten ist nicht bekannt. Manche Hunde akzeptieren und vertragen eine Variante besser als die andere. © zkolra/shutterstock.com

das ist auch nötig, denn das Futter muss ja verdaulich und keimfrei gemacht werden. Wird mit extrem niedrigen Temperaturen (z. B. 40 °C) geworben, ist das unrealistisch, denn dann wäre das Futter ja roh, also leicht verderblich und schlecht verdaulich. Die Zutaten müssen zuvor also schon erhitzt worden sein. Vielleicht soll die Bezeichnung „kaltgepresst" an die Herstellung von Ölen erinnern, bei denen die Kaltpressung ein besonders schonendes Verfahren darstellt. Beim Hundefutter jedoch ist eine gewisse Wärmeeinwirkung nötig und sinnvoll. Dass durch Erhitzen „sämtliche Nährstoffe zerstört werden", ist stark übertrieben.

Feuchtfutter in Dosen, Schalen oder Beuteln

Bei der Herstellung von Feuchtfutter werden die Zutaten im rohen Zustand (in der Regel tiefgefroren) vermischt, je nach Produkt als Stückchen in Soße oder Pastete zubereitet, abgefüllt und dann in geschlossenen Behältnissen (Dosen, Schalen oder Beuteln) und unter Dampf erhitzt (autoklaviert).

Feuchtfutter kommt ohne Konservierungsstoffe aus. Ist es einmal offen, ist es daher rasch zu verbrauchen. © ArtCookStudio/shutterstock.com

Konserven sind steril, daher theoretisch unbegrenzt haltbar, solange sie luftdicht verschlossen bleiben. Deswegen benötigen Feuchtfutter keine Konservierungsmittel (auch wenn dies in der Werbung oft als Besonderheit hervorgehoben wird). Beschreibungen wie „kalt abgefüllt und schonend dampfgegart" sind ebenfalls beliebt, bezeichnen aber letztlich auch nur den ganz normalen Herstellungsprozess.

Tabelle 14: Gegenüberstellung der Eigenschaften von Feucht- und Trockenfutter

	Feuchtfutter	Trockenfutter
Konservierung	Erhitzen	Erhitzen, wenig Feuchtigkeit
Antioxidantien nötig?	nein	ja
Haltbarkeit (Monate)	24	12–18
Feuchtigkeitsgehalt	65–80 %	8–10 %
Energiedichte	niedriger	höher
Stärkegehalt	niedriger	höher
Eiweißgehalt	höher	niedriger
Hitzeempfindliche Substanzen	werden teilweise zerstört	werden nach dem Abkühlen aufgebracht
Müllaufkommen	hoch	niedrig

Die Zutaten

Die verwendeten Futtermittelausgangserzeugnisse („Zutaten“) müssen unter dem Begriff „Zusammensetzung“ in absteigender Reihenfolge ihres prozentuellen Anteils deklariert sein. Viele Hersteller entscheiden sich für die Gruppendeklaration (z. B. „Fleisch und tierische Nebenerzeugnisse“) – das lässt ihnen nämlich etwas Spielraum, welche Zutaten (z. B. welches Fleisch) in welcher Kombination sie verwenden, solange der Nährstoffgehalt des Futters gleichbleibt. Für den gesunden Hund ist es letztendlich egal, ob das Futter etwas mehr Huhn oder etwas mehr Rind enthält. Ein Problem ist das nur für Hunde mit Allergien – für sie gibt es aber bereits ein großes Angebot an Diätfutter.

Die „offene Deklaration“ unter der genauen Bezeichnung von Art und Menge der Zutaten empfinden viele Konsumenten als ehrlicher – man darf dabei aber nicht vergessen, dass das nichts über die Qualität der Zutaten oder des Futters an sich aussagt. Was zu Hundefutter verarbeitet werden darf, ist gesetzlich geregelt (EU-Verordnung 1069/2009), sodass allen Herstellern ähnliche Zutaten zur Verfügung stehen. Dass sich hinter dem Begriff „tierische Nebenerzeugnisse“ nur minderwertige Schlachtabfälle, wie Federn, Hühnerköpfe, Füße oder Hörner „verbergen“, ist ein häufiges Gerücht. Es stimmt ganz gewiss nicht! Von einem Futter aus solchen schwer verdaulichen Nebenprodukten würde jeder Hund Verdauungsbeschwerden bekommen – und niemand würde es ein zweites Mal kaufen.

Hoher Fleischanteil – das höchste Qualitätskriterium?

Derzeit wird in der Werbung häufig suggeriert, dass ein möglichst hoher „Fleischanteil“ das wichtigste Qualitätsmerkmal für Hundefutter sei – immerhin ist der Hund ja ein Fleischfresser. Selbstverständlich ist Fleisch für den Hund eine hochwertige Eiweißquelle – aber der Hund kann durchaus auch pflanzliche Zutaten verwerten, und er benötigt auch Nährstoffe, die in Muskelfleisch nicht enthalten sind. Es kommt auf die richtige Kombination der Zutaten an.

Vor allem aber zahlt es sich aus, das Kleingedruckte zu lesen. Viele Futter, die mit „hohem Fleischanteil“ werben, enthalten in Wirklichkeit einen geringen Anteil an Fleisch (nach gesetzlicher Definition darf nur Muskelfleisch als „Fleisch“ bezeichnet werden) und einen hohen Anteil an tierischen Nebenprodukten (Innereien), darunter oft schwer verdauliche, wie Euter, Lunge, Schlund und Kehlkopf. Diese können zu Blähungen und Durchfall führen. Das Futter ist also nicht so hochwertig wie beworben.

Eine sehr hohe Zufuhr an Eiweiß ist generell nicht von Vorteil, denn der Körper kann Eiweiß nicht speichern, er muss das überschüssige Protein ständig verstoffwechseln und ausscheiden. Eine überhöhte Eiweißzufuhr ist daher auf Dauer eher eine Belastung.

„Getreidefrei“ ist derzeit ebenfalls eine sehr populäre Werbeaussage. Getreidefreie Fütterung wird vor allem von Anhängern des Barfens propagiert. Getreide komme in der „natürlichen Ernährung“ des Hundes nicht vor – aber stimmt das? Für den Wolf schon. Aber Haushunde leben seit Jahrtausenden in sehr enger Beziehung mit dem Menschen, von dem sie auch ihre Nahrung bekommen haben (sei es in Form von absichtlicher Fütterung, sei es von Abfällen) – und die Nahrung des sesshaften Menschen besteht nun einmal zum Großteil aus Kohlenhydraten, in unseren Breiten aus

Getreide (Weizen, Roggen, Gerste, Hafer). Haushunde haben sich daher an eine getreidereiche Kost angepasst und können Kohlenhydrate sehr effizient verdauen und verwerten. Auch das oft verteufelte Gluten hat keinerlei schädliche Auswirkungen auf Hunde. Es ist auch nicht das „häufigste Allergen" – eine Allergie gegen Gluten (und andere pflanzliche Proteine) ist möglich, aber seltener als Allergien gegen Fleisch. Eine „Glutenunverträglichkeit" (ähnlich der Zöliakie des Menschen) gibt es bei Hunden nicht, ebenso gibt es keine Krankheit, bei der eine glutenfreie oder getreidefreie Diät sinnvoll wäre.

Keine Angst vor Zusatzstoffen

Zusatzstoffe klingen meist „chemisch" und haben den Beiklang des „Künstlichen" und potentiell Ungesunden. Manche Hersteller behaupten, gänzlich ohne Zusatzstoffe auskommen zu können. Doch wozu werden Zusatzstoffe überhaupt benötigt?

In fast jedem Fertigfutter werden Sie die so genannten ernährungsphysiologischen Zusatzstoffe finden. Es sind dies Vitamine und Spurenelemente. Sie müssen hinzugefügt werden, da selbst in den hochwertigsten Zutaten nie wirklich alle Nährstoffe im richtigen Verhältnis enthalten sind (das gilt beim Kochen oder Barfen genauso). Eine Werbeaussage wie „ohne chemische Zusätze" zusammen mit der Bezeichnung Alleinfutter sollte Ihnen Grund zur Skepsis geben – Alleinfutter können eigentlich nicht ohne den Zusatz von Vitaminen und Spurenelementen hergestellt werden.

Trockenfutter müssen Konservierungsmittel und/oder Antioxidantien enthalten, da sie sonst innerhalb kurzer Zeit verderben würden (ranzig werden, schimmeln) – und dass wäre nicht nur unappetitlich, sondern auch ungesund für den Hund. Manche Hersteller bevorzugen „natürliche Antioxidantien", wie Vitamin E und C oder Pflanzenextrakte. Dabei muss man aber bedenken, dass diese weniger stark und weniger zuverlässig wirken als die langjährig getesteten (und auch für menschliche Lebensmittel eingesetzten) Konservierungsmittel.

Nassfutter enthält grundsätzlich keine Konservierungsmittel, da es durch Autoklavieren haltbar gemacht wird (siehe Seite 102).

Sämtliche Zusatzstoffe müssen zur Verwendung in Hundefutter in der EU zugelassen sein – das bedeutet, dass sowohl ihre Wirkung als auch ihre Unschädlichkeit bewiesen sein muss. Bisher ist kein einziger Fall bekannt, in dem ein Zusatzstoff einen gesundheitlichen Schaden bei einem Hund verursacht hätte. Auch „Allergien auslösen" können sie nicht, da sie zu kleine Moleküle sind und das Immunsystem sie gar nicht erkennt.

Was bedeutet „Premium"?

Leider ist der Begriff „Premium" nicht gesetzlich geschützt. Als Premium-Marken werden meist jene bezeichnet, die nur über spezielle Vertriebskanäle (Tierarzt, Spezialgeschäfte) verkauft werden und die oft auch Diätnahrung anbieten. Premium-Marken zeichnen sich durch besonders hochwertige Zutaten aus. Das zeigt sich an einer sehr hohen Verdaulichkeit und damit Verträglichkeit, was sich am Hund in geregelter Verdauung, guter Stuhlkonsistenz und glänzendem Fell widerspiegelt. Premium-Produkte enthalten meist auch spezielle funktionelle Inhaltsstoffe, die häufigen Krankheiten vorbeugen sollen, beispielsweise Pro- und Präbiotika für eine stabile Darmflora, Chondroitinsulfat zum Schutz der Gelenke, Antioxidantien zur Vorbeugung von Alterungsprozessen

Es spricht nichts dagegen, Trocken- und Feuchtfutter abzuwechseln oder zu kombinieren, sogar in einer Mahlzeit, wenn der Hund das problemlos verträgt. Auch eine Kombination aus Fertigfutter und hausgemachtem Futter ist möglich. © Jiri Hera/shutterstock.com

und andere. Deren Wirkung wurde durch klinische Studien bestätigt. Hersteller von Premium-Marken legen großen Wert auf Qualitätskontrolle, sie haben hauseigene Labors, in denen Wissenschaftler beschäftigt sind. Premium-Hersteller arbeiten mit Universitäten und Kliniken zusammen und besuchen Kongresse, um stets über neue Erkenntnisse informiert zu sein.

Trocken- oder Feuchtfutter: was ist besser?

Für einen gesunden Hund ist es grundsätzlich egal, ob er mit Trocken- oder Feuchtfutter ernährt wird. Trockenfutter wird gerade von Besitzern großer Hunde zu Recht als praktischer empfunden. Ein weiterer Vorteil ist, dass bei Trockenfutter hitzeempfindliche Substanzen (wie Probiotika und Grünlippmuschelextrakt) nach dem Abkühlen aufgebracht werden können („Coating“). In Feuchtfutter machen solche Substanzen keinen Sinn, da sie durch die Hitze beim Autoklavieren zerstört werden. Darum gibt es manche Produkte nur in der Trockenfutter-Variante. Eine ausschließliche Fütterung mit Trockenfutter ist möglich und hat sicher keine negativen Auswirkungen; auch nicht hinsichtlich der Wasseraufnahme. Gesunde Hunde trinken instinktiv genug.

Mit Feuchtfutter nimmt der Hund natürlich schon mit der Mahlzeit mehr Flüssigkeit zu sich – das ist etwa bei Nieren- und Harnsteindiäten vorteilhaft; aber auch beim Abnehmen, da es den Magen besser füllt. Man kann diesen Nachteil bei Trockenfutter aber leicht ausgleichen, in dem man es einweicht. Das ist auch sinnvoll bei Hunden, die sehr hastig fressen. Ein hoher Wassergehalt kann jedoch auch von Nachteil sein, nämlich dann, wenn ein Hund sehr viel Energie und Nährstoffe braucht und die dafür nötige Menge an Feuchtfutter gar nicht schafft, z. B. säugende Hündinnen mit vielen Welpen. Da ist das konzentriertere Trockenfutter oft wiederum besser.

Hinsichtlich der Nährstoffe sind Feuchtfutter meist eiweißreicher, vor allem jene mit besonders „hohem Fleischanteil“, wie es derzeit beliebt ist. Für gesunde Hunde ist das kein Vorteil, da der Hund einen Überschuss an Eiweiß ohnehin nicht speichern kann, sondern verstoffwechseln und ausscheiden muss. Während Feuchtfutter auch ohne stärkehältige Zutaten (wie Reis, Kartoffeln, Getreideflocken) hergestellt werden können, muss Trockenfutter aus technischen Gründen Stärke enthalten. Wer kohlenhydratarm füttern will oder muss, greift daher eher zu Feuchtfutter.

Trockenfutter wird oft ein zähneputzender Effekt zugeschrieben – das trifft aber nicht auf alle Produkte zu. Herkömmliches Trockenfutter zerbricht beim Draufbeißen; manche Hunde zerkauen es auch überhaupt nicht. Es gibt jedoch spezielle Diätfutter mit nachgewiesenem Zahnputzeffekt.

Vor- und Nachteile von Fertigfutter

Der größte Vorteil von Fertigfutter ist natürlich, dass es praktisch ist – man muss sich als Hundehalter keine Gedanken machen, ob der Hund optimal versorgt ist oder ihm etwas fehlt. Diätfutter sind bei vielen Krankheiten ein wichtiger Teil der Therapie. Durch die ausgefeilten technischen Möglichkeiten der industriellen Herstellung können optimal angepasste Produkte hergestellt werden, wie man es in der Küche nicht kann (z. B. hydrolysierte Diäten für Allergiker). Abgesehen davon werden im Hundefutter Nebenprodukte der Lebensmittelindustrie einer sinnvollen Verwendung zugeführt. Es spricht absolut nichts dagegen, einen Hund sein Leben lang ausschließlich oder hauptsächlich mit Fertigfutter zu ernähren.

Nachteilig an Fertigfutter finden viele Hundebesitzer, dass sie „nicht wissen, was drin ist" und den Angaben des Herstellers und den Werbeversprechen vertrauen müssen. Verstärkt wird diese Unsicherheit von den negativen Gerüchten und „Horrormeldungen" über angeblich minderwertige Zutaten und schädliche Auswirkungen, die seit ein paar Jahren durch die Presse und durch Hundeforen geistern – auch wenn die meisten davon schon aufgrund der gesetzlichen Lage in der Europäischen Union ins Reich der Märchen verbannt werden können.

Ein tatsächliches Problem ist die Fütterung von Allergikern, für die die Zusammensetzung des Futters genau bekannt sein muss. Die von Herstellern häufig verwendete Gruppendeklaration (z. B. „Fleisch und tierische Nebenerzeugnisse") liefert hier zu wenig Information. Jeder Konsument hat allerdings das Recht, beim Hersteller nach der exakten Zusammensetzung des Produktes zu fragen. Bei Hunden mit mehreren Erkrankungen kann es schwer sein, ein passendes (Diät-)Futter zu finden, welches auf alle Bedürfnisse Rücksicht nimmt.

Verunreinigungen oder Dosierfehler während der Herstellung sind theoretisch möglich, kommen in der Praxis aber extrem selten vor.

Und schließlich gibt es Hunde, die Fertigfutter generell nicht mögen oder schlecht vertragen.

Allergiker mit Fertigfutter zu füttern, kann bei der häufig verwendeten Gruppendeklaration problematisch werden.

HAUSGEMACHTES FUTTER – KOCHEN ODER ROH FÜTTERN?

Immer mehr Hundebesitzer möchten das Futter selbst zubereiten – weil sie Negatives über Fertigfutter gehört haben, weil ihr Hund eine spezielle Diät benötigt, oder weil es ihnen einfach Freude bereitet.

Wer das Futter selbst zubereitet, weiß immer genau, was der Hund bekommt – Ungeliebtes oder Unverträgliches kann leicht vermieden werden. Bei Diäten können individuelle (und schmackhafte) Lösungen gefunden werden. Außerdem ist hausgemachtes Futter – vor allem, wenn man reines Muskelfleisch und keine Innereien füttert – sehr gut verdaulich und daher auch für empfindliche oder kranke Hunde geeignet.

Die offensichtlichen Nachteile sind, dass es einen wesentlich höheren Arbeits- und Zeitaufwand darstellt, wenn man das Futter selbst zubereitet. Für den Hund liegt das größte Risiko darin, dass der Nährstoffbedarf gedeckt werden muss. Fleisch, Innereien, Kohlenhydrate (Reis, Nudeln, Kartoffeln), Gemüse und Öle reichen dafür nämlich nicht aus! Eine Ergänzung von Mineralstoffen, Vitaminen und Spurenelementen ist unbedingt nötig – das trifft auch auf das Barfen zu! Auch bei „abwechslungsreichem Speiseplan" ist es nicht möglich, langfristig den gesamten Nährstoffbedarf ohne passende Ergänzungen abzudecken.

Rohfütterung, also das sogenannte Barfen setzt voraus, dass der Hundehalter genau weiß, mit welchen Futtermittelkombinationen er den Bedarf seines Hundes decken kann. © Zontica/shutterstock.com

In der Praxis finden sich häufig folgende Fütterungsfehler:

- Über- oder Unterversorgung mit Kalzium und Phosphor (besonders gefährlich bei wachsenden Welpen!),
- Mangel an Spurenelementen (besonders Zink und Jod),
- Mangel an fettlöslichen Vitaminen (besonders Vitamin D und E),
- Mangel an essentiellen Fettsäuren (Pflanzenölen).

Beim Barfen kommen weitere Risiken hinzu:

- Übertragung von Krankheitserregern: Rohes Fleisch kann Viren, Bakterien und Parasiten beinhalten, die auch dem Menschen gefährlich werden können. Diese Gefahr wird oft verneint oder heruntergespielt, sie ist aber durchaus real. Nicht nur das Fleisch an sich kann ein Infektionsherd sein; Hunde können nach Aufnahme von kontaminiertem Fleisch wochenlang Keime, z. B. Salmonellen, ausscheiden, ohne selbst zu erkranken! Fleisch aus dem Lebensmittelhandel wird streng kontrolliert und ist daher relativ sicher – für Fleisch aus dem Futterhandel (z. B. dem beliebten Frostversand) gelten diese Kontrollen aber nicht. In Hinblick auf die menschliche Gesundheit sollten daher Zutaten für den Hund nach denselben hygienischen Kriterien behandelt und beurteilt werden wie Lebensmittel.
- Verletzungen durch Knochen: Knochen können zu Verletzungen im Maul und abgebrochenen Zähnen, Knochenkotverstopfung und Darmverschluss führen. Dazu kommt, dass Knochen als alleinige Kalziumquelle nicht ideal sind, da sie nicht gut verdaulich sind und gerade von Welpen nicht gut gekaut werden können.
- Schilddrüsenüberfunktion durch ständige Aufnahme von Schilddrüsengewebe: Das preisgünstige und sehr beliebte Kopffleisch enthält in der Regel die Schilddrüsen und sollte daher nicht verfüttert werden, ebenso wie Schlund, Stichfleisch und Kehlkopf.

TIPP!

Egal ob gekocht oder gebarft – es ist sinnvoll, wenn der Hund zumindest ein Fertigfutter kennt, das er mag und verträgt, falls es vorübergehend nicht möglich ist, das Futter zuzubereiten (Urlaub, Krankheit).

Tabelle 15: Vor- und Nachteile von Fertigfutter vs. hausgemachtem Futter

	Fertigfutter	hausgemachtes Futter
Zutaten	nicht immer bekannt	genau bekannt
Nährstoffbedarf	sicher gedeckt	nicht sicher gedeckt
Verdaulichkeit	abhängig von Zutaten	sehr gut
für Allergiker geeignet	bedingt	ja
hygienischer Zustand	einwandfrei	bei Barf fraglich
Zeitaufwand	niedrig	höher
Vorräte möglich	langfristig	kurzfristig

Pro und Kontra zur Rohfleischfütterung

Seit Ende der 1990er Jahre gibt es einen Ernährungstrend in der Hundefütterung, der sich an die Ernährung des Wolfes anlehnt. Einige Beweggründe zum Barfen sind der Wunsch nach gesunder Hundeernährung, Futtermittelunverträglichkeiten, Gewichtskontrolle oder auch ein Misstrauen gegenüber der Futtermittelindustrie. Eine „natürliche" Ernährung muss aber nicht immer ausgewogen sein!

Was heißt „BARF"?

Für die Abkürzung „BARF" oder „Barf" gibt es einige Begriffe und Deutungen. In den 1990er Jahren wurde die Abkürzung geprägt von einem australischen Tierarzt und einer Kanadierin und leitete sich ab von „**B**orn-**A**gain-**R**aw-**F**eeders" („Wiedergeborene Rohfütterer") oder „**B**ones **A**nd **R**aw **F**oods" (Knochen und rohes Futter). Später eingedeutscht steht die Abkürzung für „**B**iologisch-**a**rtgerechte **R**ohfütterung" oder „**B**iologisch **a**rtgerechtes **r**ohes **F**utter". Dabei handelt es sich um eine Fütterungsmethode, bei der Hunde auf der Basis von rohem Fleisch (Muskelfleisch und Innereien), Knochen, rohem Gemüse und Obst sowie Ölen ernährt werden. „Klassische" Barf-Rationen bestehen zu ca. 60–80 % aus Fleisch, 10–30 % aus fleischigen Knochen, 10–25 % aus Gemüse und Obst und etwas Pflanzenöl – wobei es mittlerweile unterschiedlichste Barf-Rezepturen gibt. Barf-Produkte für Hunde nehmen bereits

Bei der Fütterung von Hunden mit Rohfleisch und Knochen ist einiges zu beachten, sonst können sich negative Folgen für Hund oder Mensch ergeben. © A. Deutz

Die Knochenfütterung birgt einige Risiken. © A. Deutz

einen erheblichen Anteil des kommerziell vertriebenen Hundefutters ein. Sie werden auch schon im Internet gehandelt. Der Gesamtumsatz mit Hundefutter (sämtliche Futtermittel) betrug 2021 allein in Deutschland rund 1,7 Milliarden Euro (Statista Research Department, 2022).

Diese Methode soll sich an die Fressgewohnheiten von wildlebenden Fleisch-/Beutetierfressern, wie dem Wolf, anlehnen, wobei oft nicht berücksichtigt wird, dass sich Hund und Wolf verdauungsphysiologisch durch die Domestikation des Hundes doch recht deutlich unterscheiden.

Unterschiede zwischen Hund und Wolf

Im Zuge der Domestikation erwarb der Hund gegenüber dem Wolf eine bessere Stärkeverdauung. Das kann als Anpassung des Hundes an die stärkereiche Nahrung des Menschen, der Ackerbau betrieb, angesehen werden. Damit ist eine getreidefreie Ernährung lediglich für die wenigen Hunde, die an einer Allergie gegen Gluten leiden, empfehlenswert.

Der Wolf als „Ganzkörperfresser" nutzt meist die gesamte Beute und nimmt so auch angedauten Magen- und Darminhalt, Gehirn, Blut, Knochen- und Knorpelfragmen-

Wölfe können bis zu einem Fünftel ihres Körpergewichts an Nahrung fressen. Dennoch sind Jod- und Selenmangel bei Wölfen dokumentiert.

te oder Haare auf. Beim Barfen bekommt der Hund nur bestimmte Teile, häufig einen sehr hohen Muskelfleischanteil und nur bestimmte Innereien, sowie etwas grob geraspeltes Gemüse. Teilweise werden Kohlenhydratquellen beigemengt, die dann je nach Aufbereitung oft nur schwer verdaulich sind. Einer Ganzkörperfütterung analog zum Wolf entspricht dies also nicht, sodass Barfen ohne Ergänzung der fehlenden Nährstoffe nicht bedarfsdeckend ist.

Ein großer Unterschied ist auch das Durchschnittsalter von Hund und Wolf. Ist ein Wolf mit fünf Jahren schon alt, werden die meisten Hunde doppelt so alt und älter. Hundesenioren benötigen demnach auch eine angepasste Fütterung.

Wölfe nehmen naturgemäß nicht regelmäßig Nahrung auf, machen viel Bewegung und müssen auch tiefe Temperaturen überstehen. Sie sind imstande, auch 10–21 % ihres Körpergewichtes an Nahrung aufzunehmen. Beim Barfen eines Hundes werden 2–3 % seines Körpergewichtes an täglicher Nahrung empfohlen, womit der Hund nur einen Bruchteil der Nährstoffe, insbesondere Spurenelemente, aufnimmt, die ein Wolf mit seiner deutlich größeren Futterportion zu sich nimmt.

Zu berücksichtigen ist zudem, dass auch Wölfe eine Mangelernährung aufweisen können, wie beispielsweise Jod- oder Selenmangel. Deshalb sollten die meisten Barf-Rezepturen auch mit Mineralstoffen, Spurenelementen und Vitaminen ergänzt werden. Eine „ursprünglichere“ Fütterung, der Ernährung des Wolfes nachgeahmt, ist für Hunde nicht automatisch gesünder. Eine „natürliche“ Fütterung ist nicht gleichzusetzen mit einer idealen oder artgerechten Fütterung!

Mangel und Überschuss

Grundsätzlich wird die Fütterung von Rohfleisch von den meisten Hunden gut vertragen. Manche Hunde lehnen rohes Futter ab, erbrechen dieses kurz nach der Aufnahme oder haben Durchfall. Unbedingt zu berücksichtigen sind einzelne Probleme mit dem Barfen:

Barfen kann zu folgenden Problemen führen:

- **Verstopfung, Zahnfrakturen oder Verletzungen** der Maul-, Speiseröhren-, Magen- oder Darmschleimhaut bei häufiger Knochenfütterung; aber auch **Unterversorgung mit Kalzium**, wenn keine Knochen, Knochenmehl oder entsprechende Präparate gegeben werden.
- Rohfütterung von Schlund und Drossel: Daran befindet sich meist noch die Schilddrüse, was bei regelmäßiger Verfütterung aufgrund des Gehaltes an Schilddrüsenhormonen zu einer **Schilddrüsenüberfunktion** (Hyperthyreose) bei Hunden führen kann, die mit Nervosität und Abmagerung einhergeht.

- **Unterversorgung mit Spurenelementen** (Jod, Kupfer, Zink) und den **Vitaminen A und D**, wenn nicht mit einem adäquaten Vitamin-Mineralstoffpräparat ergänzt wird.
- Mögliche **Überversorgung mit Nährstoffen,** wie mit Kalzium und Phosphor bei Knochenfütterung, Vitamin A bei Leberfütterung, Vitamin A und D bei Leber- und Lebertranfütterung oder Jod bei Seealgenmehlfütterung.
- Füttern von rohem Fisch: Abbau von Vitamin B1 (Thiamin), durch das im Fisch enthaltene, hitzelabile Enzym Thiaminase. **Thiaminmangel** kann zu zentralnervalen Störungen führen.
- Füttern von Eiklar: führt zur **Bindung von Biotin** (Vitamin B7), was zu Haut- und Fellproblemen führen kann.
- Organe wie rohe Lunge sind bindegewebsreich, damit schwer verdaulich. Unverdautes Protein gelangt in den Dickdarm und begünstigt dort die Vermehrung eiweißabbauender Bakterien, was zu **Blähungen und Durchfall** führen kann.
- **Entwicklungsstörungen des Skelettes** bei Welpen durch inadäquates Kalzium:Phosphor-Verhältnis (optimal ist 1,3–1,5:1).

HINWEIS!

Spätestens im Zweifelsfall sollte beim Barfen eine Futter-Rationsberechnung erfolgen und gegebenenfalls das Futter entsprechend ergänzt werden. Bei Welpen, Jungtieren, alten Hunden oder chronisch erkrankten Tieren ist besondere Vorsicht geboten. Das sogenannte Barf-Profil aus einer Blutprobe kann nur bedingt Aufschlüsse über eine Fehlernährung geben, da diese nur eine Momentaufnahme zeigt.

Aus tierärztlicher Sicht jedenfalls abzuraten ist eine Verfütterung klassischer Barf-Rationen an Hunde mit Nierenerkrankungen (wegen des hohen Eiweißgehaltes, bei Innereien auch hohen Phosphorgehaltes), mit Leberproblemen (hoher Eiweißgehalt), mit Blasensteinen (hohe Kalzium- und Phosphorzufuhr bei Knochenfütterung), an alte Hunde (Leber und Nieren werden durch den hohen Eiweiß- bzw. Phosphorgehalt belastet) und an immungeschwächte Hunde oder solche, die immunsupprimierende Medikamente erhalten (Kortison-Präparate, Chemotherapie).

Infektionsrisiko für Hund und Mensch

Diskutiert wird in Fachkreisen und unter Hundehaltern immer wieder das Risiko der Übertragung von Infektionen in Form von Bakterien, Viren und Parasiten beim Barfen auf Hunde sowie deren Halter.

Das höchste Risiko für Hunde resultiert aus dem Verfüttern rohen Fleisches oder roher Organe von Wild- und Hausschweinen wegen der Möglichkeit der Übertragung des Aujeszky-Virus. Eine Infektion endet bei Hunden meist innerhalb weniger Tage tödlich. Auch weniger bekannte Krankheiten, wie z. B. Botulismus, sind in letzter Zeit bei gebarften Hunden zunehmend zu diagnostizieren. Barfen birgt daneben das Risiko der Übertagung von Bandwürmern, falls das rohe Futter Bandwurmfinnen enthält. So ist beispielsweise das Schaf Zwischenwirt des sogennanten „Hundebandwurmes" *Echinococcus granulosus*, oder Schalenwild des Bandwurmes *Taenia hydatigena*. Ebenso übertragen werden einzellige Parasiten, wie Sarkosporidien oder Neospora.

Einige Untersuchungen von Barf-Futterproben aus dem Handel in Österreich und Deutschland wiesen krankmachende Keime, wie Salmonellen, Listerien, Campylobacter und Fäkalkeime sowie Antibiotika-resistente Bakterien nach, die entweder für den Hund, noch mehr aber für die hundehaltende Familie eine Infektionsquelle sein könnten. Nicht nur beim Lagern oder Zubereiten des Hundefutters kann es zu Kontaminationen von Kühlschränken, Schneidebrettern oder Lebensmitteln kommen, sondern Hunde können diese Keime ausscheiden und im Fell tragen, auch ohne selbst zu erkranken. Zu berücksichtigen ist in diesem Zusammenhang auch, dass Mensch und Hund heute sehr eng zusammenleben und dass die Anzahl gehaltener Hunde stetig steigt. Damit haben die Übertragungsmöglichkeiten zugenommen. Wenn sich im Haushalt gleichzeitig immungeschwächte oder alte Personen, schwangere Frauen oder Kleinkinder befinden, wird wegen der Infektionsgefahr des Menschen vom Barfen jedenfalls abgeraten.

WICHTIG!

Hygienegrundsätze bei Rohfütterung (nach Paulsen, 2020):

- Tauen Sie das Futter vorsichtig in einem geschlossenen Behältnis auf, damit kein Tropfsaft den Kühlschrank oder Lebensmittel kontaminiert.
- Reinigen Sie Messer, Schneidebretter und Futter- und Wassernäpfe gründlich mit Heißwasser und Spülmittel.
- Entfernen Sie Futterreste rasch.

Zusammenfassend ist zu sagen, dass alle Vorteile des Barfens auch durch die Verfütterung gekochter Rationen erreicht werden,

Rohes Geflügelfleisch könnte mit Salmonellen behaftet sein. Daher ist Hygiene besonders wichtig. © Fercast/shutterstock.com

ohne dass Hunde und ihre Halter Risiken ausgesetzt sind.

Risiko Aujeszkysche Krankheit

Die weltweit verbreitete und durch ein Herpesvirus (Suid Herpesvirus 1, SuHV-1) hervorgerufene Aujeszkysche Krankheit (Synonyme: AK, Pseudowut, Juckseuche) wurde 1902 in Ungarn erstbeschrieben und hat Haus- und Wildschweine als natürliche Hauptwirte und Reservoire. Endwirte sind Hunde, Katzen, Frettchen und andere Fleischfresser sowie Rinder, Schafe und Ziegen. Unter Wildtieren sind Fälle bei Rot- und Rehwild, Fuchs, Dachs, Fischotter, Marder, Iltis, Feldhase, Kaninchen, Ratten und beim Luchs beschrieben. Für Endwirte verläuft die AK als Gehirn- und Rückenmarksentzündung meist tödlich, eine Übertragung zwischen Endwirten erfolgt aber nicht. Menschen sind für das SuHV-1 nicht empfänglich.

In den letzten Jahren ereigneten sich in Österreich und Deutschland zunehmend dokumentierte Fälle von AK bei Jagdhunden. Die meisten erkrankten Hunde hatten im Rahmen von Wildschweinjagden einen möglichen oder bestätigten direkten Kontakt zu erlegten Wildschweinen (z. B. am Aufbrechplatz) oder wurden mit Organen

Kontakt zu Wildschweinen oder die Aufnahme von Organen sind häufige Infektionsquellen für (Jagd-) Hunde. Der intensive Kontakt von Jagdhunden mit erlegten Wildschweinen sollte weitgehend vermieden werden (angeleint ablegen!). © A. Deutz

vom Wildschwein „genossen gemacht", das heißt, es wurden ihnen rohe Organe verfüttert. Kleinste Mengen von infektiösem Fleisch oder Organen reichen für die Infektion eines Hundes aus. Auch Blut kann einige Tage virushaltig sein, Kot (Losung) und Urin bergen hingegen nur ein geringes Risiko. Hochriskant für den Hund ist der Kontakt mit Kopf- und Genitalschleimhäuten. Eine Übertragung ist auch durch den Biss eines infizierten Wildschweines möglich, oder durch das Verfüttern von rohen Wildschweinprodukten wie Speck an Hunde.

Die Hunde erkranken im Zuge der AK an einer Gehirn- und Rückenmarksentzündung mit zentralnervösen Erscheinungen, Speichelfluss und sehr starkem Juckreiz, wobei die Erkrankung meist nach ein bis drei Tagen tödlich endet. Differentialdiagnostisch zur Tollwut haben die an AK erkrankten Endwirte oft starken Juckreiz im Kopfbereich sowie Symptome einer Atemwegsinfektion und einen zumeist deutlich kürzeren Krankheitsverlauf. Die Lokalisation des Juckreizes kann mitunter einen Hinweis auf die Eintrittspforte geben. Im Gegensatz zum Schwein verbreitet sich das Virus beim Hund nicht über das Blut, sondern über Nervenbahnen, ausgehend von der Eintrittspforte.

Als Schutzmaßnahmen für (Jagd-) Hunde sind anzuraten:

- Der direkte Kontakt zu Wildschweinen (Schwarzwild) sollte möglichst eingeschränkt werden, gänzlich zu verhindern ist er im Jagdbetrieb nicht.
- Auf alle Fälle vermieden werden sollten das Verfüttern („genossen machen") mit Organen vom Wildschwein,
- ein intensiver Kontakt zu erlegten Wildschweinen (Schleimhäute!),
- das Anschneiden von Wildschweinen sowie
- ein Kontakt zu Aufbrüchen oder zu Schwarzwildstrecken.

Bei Einhaltung dieser Schutzmaßnahmen ist die AK als „Berufskrankheit" von Jagdhunden mit hoher Sicherheit zu verhindern.

Soll man Knochen verfüttern?

Wölfe fressen keine größeren Knochen, sie nagen diese nur ab. Gefressen werden kleine Tiere im Ganzen – mit Haut und Haaren, Federn und auch Knochen. Diese Zusammensetzung gewährleistet eine gute Verdauung der Knochen und schützt vor Knochenkot. Bei der Knochenfütterung passieren jedoch immer wieder Zwischenfälle, die meist tierärztlich zu behandeln sind, wie Zahn- und Zahnfleischverletzungen, im Oberkiefer eingekeilte Knochen, Verstopfung und Knochenkot oder Darmverschluss durch zu große unverdaute Knochenstücke. Deshalb sollten bei der Knochenfütterung einige Grundregeln beachtet werden.

Regeln für die Knochenfütterung

Grundsätzlich birgt die Knochenfütterung immer Risiken! Wenn sie aber schon gefüttert werden, dann wäre Folgendes zu beachten:

- Anfangs nur kleine Mengen weicherer, leichter verdaulicher Knochen von Jungtieren füttern. Bei großen Gelenkknochen kann man dem Hund auch den Knochen abnehmen, wenn er die weicheren Gelenksknorpel abgenagt hat.
- Knochen regelmäßig, aber in Maßen füttern.
- Knochen besser roh füttern, da gekochte Knochen leichter splittern.
- Keine (Wild-)Schweineknochen füttern (Risiko Aujeszkysche Krankheit).
- Knochen günstigenfalls zusammen mit Fleisch füttern, da Fleisch die Sekretion von Magensaft fördert und damit Knochen leichter verdaut werden.
- Falls Knochen nicht vertragen werden, kann die Kalziumversorgung auch über das Füttern von Knochenmehl, zerriebenen Eierschalen oder Mineralergänzungsfuttermitteln erfolgen.

Wer seinem Hund Knochen anbietet, muss sich der Risiken bewusst sein. © garmoncheg/shutterstock.com

TIPP!

Barfen wird von vielen Hunden gut vertragen. Wie aber auch in der eigenen menschlichen Ernährung sollte man sich nicht blind und nahezu pseudoreligiös auf eine einzige Ernährungsweise fixieren. Hunde, die möglichst viele verschiedene Futterrationen akzeptieren und vertragen, sind in der Haltung unkomplizierter, und auch das Risiko von Mangelerscheinungen wird durch eine breite Palette an Futtermitteln erheblich reduziert.

Kochen für den Hund

So gut wie alle Vorteile mit denen fürs Barfen geworben wird, treffen für gekochtes Futter auch zu: Es ist frisch, individuell, hochwertig, man hat den genauen Überblick, was der Hund bekommt, und kann Unbeliebtes oder Unverträgliches leicht ausschließen. Dass durch Erhitzen „sämtliche Nährstoffe zerstört werden“, wie Barfer manchmal behaupten, ist stark übertrieben. Es ist richtig, dass gewisse Nährstoffe (vor allem Vitamine) durch Erhitzen reduziert werden, aber das spielt in der Praxis keine Rolle, da Mineralstoffe und Vitamine immer ergänzt werden müssen, egal ob man roh oder gekocht füttert.

Der ganz wesentliche Vorteil, wenn das Fleisch gekocht, gebraten oder angeröstet wird, ist das Abtöten von Krankheitserregern. Dazu benötigt es mindestens 60 °C.

Schwer verdauliche Bestandteile, wie Sehnen oder Knorpel, werden durch Erhitzen besser verdaulich. Das gilt auch für Ballaststoffe (Gemüse). Stärke ist roh ohnehin kaum verdaulich. Faustregeln für die Zusammensetzung der Ration für ausgewachsene Hunde, Zuchthündinnen und wachsende Hunde ist in Tabelle 16 dargestellt.

Tabelle 16: Faustzahlen für ausgewogene Mahlzeiten für Hunde mit unterschiedlichen Bedürfnissen

Rationsbestandteil	Ausgewachsener (adulter) Hund	Zuchthündin, wachsender Hund
Eiweißreiche Futtermittel (Fleisch, Innereien, Milchprodukte, Eier)	45 %	55 %
kohlenhydratreiche Futtermittel gekocht (Reis, Nudeln, Getreideflocken, Kartoffeln)	45 %	35 %
rohfaserreiche Futtermittel (Gemüse, Obst, Kleie)	5 %	5 %
Fett (Pflanzenöle, ggf. auch tierische Fette)	5 %	5 %
Vitaminisiertes Mineralfutter mit rund 20 % Kalzium	0,5 g/kg Körpergewicht	2,5 g/kg Körpergewicht

Dazu ein Beispiel:
Vorgaben: Tagesmenge für einen Hund mit 20 kg Gewicht, es sollen Huhn mit Reis und Karotten gefüttert werden.

1. Berechnung der Fleischmenge. Diese ergibt sich aus dem Eiweißbedarf des Hundes – dieser beträgt in diesem Fall 50 g. Mageres Fleisch hat rund 20 % Protein, also benötigt der Hund 250 g Fleisch.
2. Dazu reichen Sie gekochten Reis in derselben Menge – 250 g gekochtem Reis entsprechen rund 65 g rohem Reis.
3. Ein Esslöffel Öl pro zehn Kilogramm Körpergewicht, das sind hier also zwei Esslöffel (20 g).
4. Und dann noch etwas Gemüse, z. B. eine Karotte (rund 100 g).

Diese Mengen beinhalten rund 780 kcal. Ein aktiver Hund von 20 kg benötigt rund 900 kcal (siehe Tabelle 1, Seite 15), das bedeutet, es sind noch 120 kcal Platz für Leckerli (Kaloriengehalt von Leckerlis siehe Seite 22). Für sehr aktive Hunde kann man die Menge an Reis auf 300 g oder sogar 350 g erhöhen, auch ein bis zwei Esslöffel mehr Öl sind möglich.

TIPP!

Weitere Rezeptvorschläge finden Sie ab Seite 124. Dabei sind alle Mengenangaben im Rohgewicht. Hinweise für die Zubereitung von Fleisch siehe Seite 80.

Gelegentlich – oder auch täglich – können Innereien gefüttert werden, wenn der Hund das gerne mag und keine Diät einhalten muss. Auch Milchprodukte, wie Topfen oder Hüttenkäse, und Eier fressen viele Hunde gern – ziehen Sie dann einfach die entsprechende Menge vom Fleisch ab.

Die Energiequellen ergänzen
Die Kohlenhydrate, wie Reis, Nudeln, Kartoffeln oder Polenta, kochen Sie bitte zehn Minuten länger als für Sie selbst, bis sie fast zerfallen. Damit ist sichergestellt, dass der Hund sie gut verdauen kann – er kaut ja nicht wie wir. Sie können auch problemlos Fleisch und Beilagen im selben Topf kochen. Oder, wenn Sie das Fleisch anrösten, können Sie die gekochten Kohlenhydrate noch kurz mitbraten, damit sie den Fleischsaft aufnehmen – das hilft

manchmal bei Hunden, die sonst die Beilagen aussortieren. Auch das Gemüse können Sie mitkochen bzw. am Schluss kurz blanchieren. Gemüse kann aber auch roh gefüttert werden, gerieben oder püriert oder in kleinen Stücken. Im Grunde kann alles roh gefüttert werden, was auch wir Menschen roh essen.

Was für Hunde schädlich ist und keinesfalls im Napf landen darf, lesen Sie auf Seite 87.

Auf Vorrat

Wenn Sie nicht jeden Tag frisch kochen können oder möchten, können Sie das auf Vorrat tun. Entweder, Sie kochen das Fleisch für mehrere Tage vor – was meist den größten Aufwand darstellt – und ergänzen mit Kohlenhydraten und Gemüse (was Sie vielleicht ohnehin für sich und Ihre Familie zubereiten) oder Sie bereiten komplette Mahlzeiten vor. Da die Mengenangaben im Rohzustand sind, multiplizieren Sie mit den Tagen bzw. Mahlzeiten, die Sie vorkochen möchten, und teilen die fertige Menge dann wieder in annähernd gleiche Teile – wenn Sie also 250 g frisches Fleisch pro Tag benötigen und für vier Tage vorkochen, wiegen Sie 1 kg im Rohzustand und teilen das zubereitete Fleisch wieder in vier Teile. Meist verliert das Fleisch beim Kochen oder Braten an Gewicht, aber das ist hauptsächlich Wasser, sodass der Nährstoffgehalt kaum beeinflusst wird.

Je nach Fettgehalt kann Fleisch zwischen sechs (fettes Fleisch) und zwölf Monate tiefgekühlt gelagert werden. Das Auftauen erfolgt im Kühlschrank. Tauen Sie nur so viel Futter auf, wie der Hund binnen zwei Tagen frisst.

Sie können das vorgekochte Futter für einige Tage im Kühlschrank lagern, am besten in einem geschlossenen Behälter, oder einfrieren. Hinsichtlich Hygiene und Haltbarkeit gelten dieselben Grundsätze wie für menschliche Nahrung. Was für unsere Sinne „in Ordnung" ist – keine abweichende Farbe, keinen unangenehmen Geruch, keine Auflagerungen (Schimmel) hat, ist auch für Hunde noch genießbar. Hunde sind gegenüber Verderb weniger empfindlich als wir Menschen – fressen Hunde doch auch Aas und Kot. Da sich das Hundefutter meist in unserer Küche befindet, sollte in Hinblick auf die menschliche Gesundheit verdorbenes Futter entfernt werden.

TIPP!

Achten Sie darauf, dass das Futter vollständig aufgetaut und zumindest zimmerwarm ist. Wenn Sie es in der Mikrowelle erwärmen, rühren Sie gut um, damit sich keine heißen Stellen bilden.

Geben Sie Öle, Mineralfutter und Vitaminzusätze erst unmittelbar vor dem Füttern hinzu, damit sie nicht erhitzt werden.

VEGETARISCH ODER VEGAN FÜR DEN HUND?

Immer mehr Menschen entscheiden sich dafür, den Konsum von Fleisch, oder von tierischen Produkten allgemein, zu reduzieren oder aufzugeben – sei aus ethischen, ökologischen oder gesundheitlichen Gründen. Oft wird dabei die Frage gestellt, ob und inwieweit dies auch für Hunde möglich sei.

Um zu entscheiden, inwieweit wir in der Hundefütterung auf tierische Bestandteile verzichten können, müssen wir uns Erinnerung rufen, welche Nährstoffe der Hund benötigt und wo diese zu finden sind (siehe Kapitel Grundlagen und Futtermittelkunde, ab Seite 15 bzw. 80).

Eiweiß

Der Hund als Fleischfresser hat einen höheren Bedarf an Eiweiß als wir Menschen. Nur Fleisch enthält alle essentiellen Aminosäuren in der idealen Kombination. Aber auch Eier und Milchprodukte sind sehr hochwertige Eiweißquellen für Hunde.

Mit pflanzlichen Eiweißquellen (Soja und anderen Hülsenfrüchten) den Bedarf des Hundes zudecken, ist wesentlich schwieriger. Man benötigt die richtige Kombination an Zutaten und dennoch kommen einige Aminosäuren oft zu kurz (wie Methionin, Threonin, Tryptophan). Außerdem ist der Verdauungstrakt des Hundes für gut verdauliche, tierische Nahrung konzipiert und er kann schwerer verdauliche, pflanzliche Nahrung nicht immer vollständig aufschließen.

Vitamine

Vitamin B12 (Cobalamin) ist nicht in Pflanzen enthalten, auch nicht in Hefe, sondern nur in tierischem Gewebe. Es muss bei veganer Ernährung daher unbedingt ergänzt werden.

Vitamin A: Hunde können β-Carotine im Darm in Vitamin A umwandeln, allerdings wird nicht empfohlen, sich darauf zu verlassen, sondern immer Vitamin A zu ergänzen. Der Zusatzstoff Vitamin A in Fertigfutter und Ergänzungsfuttermitteln wird ohnehin synthetisch herstellt.

Vitamin D: Es gibt eine tierische (D3) und eine pflanzliche (D2) Form des Vitamins. Ob Hunde das pflanzliche D2 nutzen können, wissen wir nicht mit Sicherheit, wahrscheinlich schon. Allerdings kennen wir den Bedarf nicht, daher gibt es auch keine Empfehlungen zur richtigen Dosis. Da aber zum Zeitpunkt des Erscheinens des Buches (Herbst 2022) Vitamin D2 nicht als Futterzusatzstoff in der EU zugelassen ist, stellt sich diese Frage nicht. Es ist nur D3 zugelassen, das ebenfalls synthetisch hergestellt wird.

Mineralstoffe

Pflanzen enthalten generell wenig Kalzium. Als „kalziumreich“ beworbene Pflanzen wie Brokkoli können nur einen winzigen Bruchteil des Kalziumbedarfs eines Hundes decken, der höher ist als der des Menschen. Auch Milchprodukte reichen für Hunde nicht aus.

Wer keine Knochen oder Eierschalen füttern möchte, kann auf mineralische Ergänzungen zurückgreifen, wie Futterkalk und Dicalciumphosphat (siehe Seite 93).

Kalium ist in Pflanzen ausreichend enthalten, vor allem in Gemüse und Kartoffeln. Auch Natrium kann über mineralische Quellen (Kochsalz) leicht ergänzt werden.

Die Spurenelemente Kupfer, Zink, Selen und Jod müssen bei selbst zubereitetem Futter ohnehin immer ergänzt werden. Mangan ist in Pflanzen, vor allem in Getreide, reichlich enthalten, und muss daher bei pflanzlicher Ernährung weniger ergänzt werden.

Hat pflanzliche Ernährung gesundheitliche Vorteile?

In der menschlichen Ernährung haben Fleisch und vor allem tierische Fette einen negativen Ruf, da sie im Übermaß nachteilig auf die Gesundheit sein können. Wer weniger Fleisch und mehr Pflanzliches (Gemüse, Getreide, Hülsenfrüchte) isst, nimmt fast automatisch weniger Fett und mehr Ballaststoffe zu sich. Hunde dagegen haben einen anderen Fettstoffwechsel als Menschen. Ihr Stoffwechsel ist auf die Verwertung von viel Eiweiß und tierischen Fetten eingestellt, sodass sie die typischen „Zivilisationserkrankungen“, wie Arteriosklerose, Herzinfarkt oder Schlaganfall, nicht bekommen. Für gesunde Hunde hat eine eiweiß- und fettreiche Ernährung keine negativen Folgen.

In manche Situationen benötigen Hunde eine eiweißreduzierte Diät, wie bei Leber- und Nierenerkrankungen, oder Cystin-Harnsteinen. Gerade dann muss aber auf hochwertige Eiweißquellen wert gelegt werden, damit trotz der geringen Menge der Bedarf an essentiellen Aminosäuren gedeckt wird. Das gelingt mit tierischen Eiweißquellen besser.

HINWEIS!

Purinarm (nötig bei Leishmaniose oder Uratkristallen) bedeutet nicht automatisch eiweißarm – die purinärmsten Eiweißquellen sind Eier und Milchprodukte.

Eine „Allergie gegen jedes Fleisch“ ist biologisch so gut wie unmöglich und beruht meist auf einer falschen Diagnose, wie den Ergebnissen eines Allergietests, der leider oft falsch positiv sein kann (siehe Kapitel Allergie ab Seite 72) und generell eine sehr schlechte Aussage hat. Wenn ein Hund Futter ohne Fleisch besser verträgt, kann das viele Ursachen haben (Eiweißgehalt, Fettgehalt, Ballaststoffe).

Ökologische Aspekte

Die Aufzucht von Tieren zur Produktion von Fleisch benötigt viel Fläche, Wasser, Getreide, und erzeugt viel CO_2. Betrachten wir den ökologischen Fußabdruck von Hundefutter, so darf die Mast der Tiere aber nicht hinzugezählt werden, da für Hundefutter ja ausschließlich Nebenerzeugnisse aus der Lebensmittelverarbeitung verwendet werden. Da diese sonst entsorgt werden müssten, was einen weiteren Energieaufwand darstellen würde, ist die Verwertung zu Hundefutter ökologisch (und auch finanziell und ethisch) sinnvoll. Auch die Verwendung anderer Nebenprodukte (wie aus der Getreide- und Obstverarbeitung) macht absolut

Sinn, und das negative Image des Wortes „Nebenerzeugnisse" sowie die Forderung nach „Lebensmittelqualität" sind kritisch zu hinterfragen.

Ebenfalls in Frage stellen kann man exotische Fleischsorten, wie Känguru, Rentier oder Gazelle, die über weite Strecken nach Europa transportiert werden müssen. Sie haben für gesunde Hunde ohnehin keinerlei Vorteile und sind lediglich „modern". Wer Futter aus europäischer Produktion mit lokal produzierten Zutaten kauft, trägt damit auf jeden Fall zum Klimaschutz bei.

Mittlerweile werden auch Hundefutter mit Insekten als Eiweißquelle angeboten. Sie werden oft als „klimafreundlich" beworben, das stimmt aber derzeit (noch) nicht, da die Insekten in der Regel extra für das Hundefutter produziert werden, während tierische Nebenerzeugnisse ohnehin anfallen.

Praktische Empfehlungen

Vegetarische Ernährung, unter Verwendung von Eiern und Milchprodukten, ist bei erwachsenen, gesunden Hunden problemlos möglich. Fleisch kann vollständig ersetzt werden, und es sind keine zusätzlichen Ergänzungen nötig.

Vegetarische Fertigfutter gibt es kaum, daher werden Sie solches Futter selbst kochen müssen – da Topfen oder Hüttenkäse nicht weiter zubereitet werden, hält sich der Aufwand aber in Grenzen.

Bei trächtigen oder säugenden Hündinnen und Welpen im Wachstum sollte die Fütterung unbedingt von einem Experten überprüft werden.

Vegane Ernährung von Hunden ist schwieriger und kontrovers. Einerseits kann unter Verwendung von hochwertigem pflanzlichem Eiweiß (Soja, Hülsenfrüchten) und Ergänzungen der Bedarf des Hundes rechnerisch gedeckt werden, und es gibt Hunde, die jahrelang ohne offensichtliche gesundheitliche Schäden damit leben. Andererseits gibt es keine langfristigen Studien, ob dauerhafte vegane Ernährung wirklich sicher ist. Dass ein Nährstoff rechnerisch ausreichend vorhanden ist, garantiert nämlich nicht, dass er vom Hund auch gut verwertet werden kann, und bis zum Auftreten von klinischen Symptomen durch Nährstoffmängel kann es Jahre dauern.

Wenn Sie eine vegane Ernährung Ihres Hundes erwägen, lassen Sie sich bitte von einem Fachtierarzt beraten. Nicht alle Rezepte aus dem Internet sind vertrauenswürdig! Vielleicht kommen auch Alternativen für Sie in Frage, wie vegetarisch oder Insektenprotein.

Es gibt auch schon eine Auswahl an veganem Fertigfutter, doch dass es angeboten wird, bedeutet nicht automatisch, dass es wirklich bedarfsdeckend ist – das ist anhand der Deklaration schwer zu beurteilen. Sie können die Qualität der Eiweißquellen abschätzen (hochwertig sind Soja, Hülsenfrüchte, Weizengluten, Kartoffelprotein) und die Liste der Zusatzstoffe überprüfen: Enthält es Vitamin A, D3, B12, Zink, Kupfer, Jod, Eisen und Aminosäuren? Die Zugabe von Taurin und Carnitin wird auch empfohlen. Aber letztendlich könnte nur eine chemische Analyse wirklich Sicherheit geben. Vertrauenswürdiger sind hier z. B. Diätfutter für Allergiker oder purinarme Futtermittel, die aber meist teuer sind.

Bildagentur Zoonar GmbH/shutterstock.com

UNFALLWILD ALS HUNDEFUTTER

In Deutschland sind jährlich rund 200.000 Rehe und in Österreich rund 40.000 Rehe Opfer von Verkehrsunfällen, dazu kommen noch weitere Wildtierarten. Jäger entsorgen verunfalltes Wild von der Straße und können es als wertvolles Futter für ihren Hund verwerten.

Verunfallte Rehe oder Hasen oder lassen sich gut im Hundenapf verwerten. Sie sollten das Wild möglichst raschen ausweiden („Aufbrechen“) und enthäuten („Aus der Decke schlagen“), da diese Arbeitsschritte im körperwarmen Zustand sehr leicht durchführbar sind. Nachdem eine Fleischreifung für Hundefutter nicht erforderlich ist, erfolgt sofort ein Grobzerlegen und danach ein Schneiden des Wildfleisches (Wildbrets) in Würfel mit einer Kantenlänge von zwei bis vier Zentimetern. Danach wird das Fleisch gekocht und kann auch als Vorrat in Zweitagesportionen tiefgefroren werden.

HINWEIS!

Straßenfallwild gehört immer den Jagdberechtigten! Sie dürfen ein überfahrenes Reh nicht einfach mitnehmen und an Ihren Hund verfüttern. Sie würden sich des Tatbestands der Wilderei schuldig machen. Zu beachten ist auch, dass Hundefutter von verunfallten Tieren nicht verkehrstauglich ist! Das bedeutet, Sie dürfen es an ihren eigenen Hund verfüttern, nicht jedoch verkaufen (siehe Anhang Seite 131)!

TEIL VII:
REZEPTE

REZEPT RIND, FÜR NICHT KASTRIERTE, AKTIVE HUNDE

Das Rezept lässt noch Platz für Leckerlis im Ausmaß von 10 % des Tagesbedarfs an Energie.

Tabelle 17: Rezept Rind, für nicht kastrierte, aktive Hunde mit 5 bis 30 kg Gewicht

Gewicht Hund kg	5	10	15	20	25	30
Energiebedarf kcal	**270**	**480**	**650**	**810**	**960**	**1.100**
Eiweißbedarf g	**17**	**28**	**38**	**47**	**56**	**65**
Rindfleisch (15 % Fett) g	80	130	200	230	250	300
Haferflocken g (Rohgewicht)	30	55	60	85	100	120
Gemüse gemischt g	50	70	100	100	130	150
Pflanzenöl (TL)	½	1	1 ½	1 ½	2	2
Lachsöl (TL)	¼	⅓	⅓	½	½	½

Tabelle 18: Rezept Rind, für nicht kastrierte, aktive Hunde mit 35 bis 60 kg Gewicht

Gewicht Hund kg	35	40	45	50	55	60
Energiebedarf kcal	**1.230**	**1.360**	**1.480**	**1.600**	**1.730**	**1.840**
Eiweißbedarf g	**72**	**80**	**87**	**94**	**100**	**108**
Rindfleisch (15 % Fett) g	330	350	370	400	430	450
Haferflocken g (Rohgewicht)	140	160	180	200	210	230
Gemüse gemischt g	170	200	230	250	250	250
Pflanzenöl (TL)	2	3	3	3	4	4
Lachsöl (TL)	½	⅔	⅔	1	1	1

HINWEIS!

Hinweise zur Zubereitung siehe Teil IV: Was wo drinsteckt – kleine Futtermittelkunde ab Seite 80 und Teil VI: Gekauft, gekocht oder roh? ab Seite 107!

REZEPT RIND MIT PANSEN, FÜR NICHT KASTRIERTE, AKTIVE HUNDE

Das Rezept lässt noch Platz für Leckerlis im Ausmaß von 10 % des Tagesbedarfs an Energie.

Tabelle 19: Rezept Rind mit Pansen, für nicht kastrierte, aktive Hunde mit 5 bis 30 kg Gewicht

Gewicht Hund kg	5	10	15	20	25	30
Energiebedarf kcal	**270**	**480**	**650**	**810**	**960**	**1.100**
Eiweißbedarf g	**17**	**28**	**38**	**47**	**56**	**65**
Rindfleisch (15 % Fett) g	50	80	130	150	180	200
Pansen grün oder Blättermagen g	35	50	70	80	100	120
Haferflocken g (Rohgewicht)	30	65	70	95	115	130
Gemüse gemischt	50	70	100	100	130	150
Pflanzenöl (TL)	½	1	1 ½	2	2	2 ½
Lachsöl (TL)	¼	⅓	⅓	½	½	½

Tabelle 20: Rezept Rind mit Pansen, für nicht kastrierte, aktive Hunde mit 35 bis 60 kg Gewicht

Gewicht Hund kg	35	40	45	50	55	60
Energiebedarf kcal	**1.230**	**1.360**	**1.480**	**1.600**	**1.730**	**1.840**
Eiweißbedarf g	**72**	**80**	**87**	**94**	**100**	**108**
Rindfleisch (15 % Fett) g	200	230	250	250	270	300
Pansen grün oder Blättermagen g	140	160	180	200	200	200
Haferflocken g (Rohgewicht)	150	170	180	190	220	230
Gemüse gemischt g	170	200	230	250	250	250
Pflanzenöl (TL)	3	4	4	5	5	6
Lachsöl (TL)	½	⅔	⅔	1	1	1

REZEPT GEFLÜGEL, FETTARM, FÜR ÄLTERE, MÄSSIG AKTIVE HUNDE, ODER BEI GASTRITIS/PANKREATITIS

Das Rezept lässt noch Platz für Leckerlis im Ausmaß von 10 % des Tagesbedarfs an Energie.

Tabelle 21: Fettarmes Rezept für ältere Hunde mit 5 bis 30 kg Gewicht

Gewicht Hund kg	5	10	15	20	25	30
Energiebedarf kcal	**240**	**400**	**540**	**670**	**800**	**910**
Eiweißbedarf g	**17**	**28**	**38**	**47**	**56**	**65**
Huhn/Pute Brust	80	150	200	250	270	300
Reis g (Rohgewicht)	35	55	70	95	110	140
Gemüse gemischt	50	70	100	100	130	150
Distelöl (TL)	⅓	½	1	1 ½	2	2

Tabelle 22: Fettarmes Rezept für ältere Hunde mit 35 bis 60 kg Gewicht

Gewicht Hund kg	35	40	45	50	55	60
Energiebedarf kcal	**1.020**	**1.130**	**1.240**	**1.340**	**1.440**	**1.540**
Eiweißbedarf g	**72**	**80**	**87**	**94**	**100**	**108**
Huhn/Pute Brust g	330	370	400	430	450	500
Reis g (Rohgewicht)	155	170	185	200	220	230
Gemüse gemischt g	170	200	230	250	250	250
Distelöl (TL)	2 ½	2 ½	3	3	3 ½	4

REZEPT AUSSCHLUSSDIÄT FÜR KASTRIERTE, DURCHSCHNITTLICH AKTIVE HUNDE

Fleischsorte Pferd (oder anders mageres Fleisch, wie Wild, Ziege, Kaninchen) mit Süßkartoffeln

HINWEIS!

Da es sich bei diesem Rezept um eine Ausschlussdiät zur Diagnose einer Allergie handelt, müssen für die dauerhafte Fütterung Gemüse, Öle und Mineralstoffe ergänzt werden!

Tabelle 23: Rezept Ausschlussdiät für aktive Hunde mit 5 bis 30 kg Gewicht

Gewicht Hund kg	5	10	15	20	25	30
Energiebedarf kcal	**250**	**430**	**580**	**720**	**850**	**970**
Eiweißbedarf g	**17**	**28**	**38**	**47**	**56**	**65**
Pferdefleisch g	100	150	200	250	330	370
Süßkartoffeln g	160	280	380	430	530	630

Tabelle 24: Rezept Ausschlussdiät für aktive Hunde mit 35 bis 60 kg Gewicht

Gewicht Hund kg	35	40	45	50	55	60
Energiebedarf kcal	**1.090**	**1.210**	**1.320**	**1.430**	**1.540**	**1.640**
Eiweißbedarf g	**72**	**80**	**87**	**94**	**100**	**108**
Pferdefleisch g	400	450	500	530	570	600
Süßkartoffeln g	650	780	850	950	1.000	1.070

TIPP!

Bei Verdauungsbeschwerden und weichem Kot können Sie Ballaststoffe (Flohsamenschalen, Zellulose) ergänzen. Beginnen Sie mit einer geringen Menge (eine Messerspitze für kleine Hunde, ein halber Teelöffel für große Hunde) in jede Mahlzeit und steigern Sie alle drei bis vier Tage, bis eine Wirkung eintritt. Richtwert: 0,5–1 g/kg Körpergewicht.

REZEPTE FÜR SENIOREN (REDUZIERTER EIWEISS- UND ENERGIEGEHALT):

Tabelle 25: Variante mit magerem Fleisch für Hunde von 5 bis 30 kg Gewicht

Gewicht Hund kg	5	10	15	20	25	30
Energiebedarf kcal	**230**	**400**	**510**	**640**	**740**	**850**
Eiweißbedarf g	**15**	**24**	**33**	**40**	**48**	**55**
Fleisch* rund 10 % Fettanteil (g)	70	130	160	220	250	280
Kartoffeln (g)	70	150	200	260	280	300
Gemüse gemischt (g)	80	100	130	150	170	200
Distelöl (TL)	⅓	⅔	1	1	1 ½	2
Lachsöl (TL)	⅓	½	⅔	1	1	1 ⅓

Tabelle 26: Variante mit magerem Fleisch für Hunde von 35 bis 60 kg Gewicht

Gewicht Hund kg	35	40	45	50	55	60
Energiebedarf kcal	**960**	**1.060**	**1.160**	**1.250**	**1.340**	**1.430**
Eiweißbedarf g	**62**	**69**	**76**	**81**	**100**	**108**
Fleisch* rund 10 % Fettanteil (g)	330	350	380	430	450	480
Kartoffeln (g)	300	350	380	430	470	500
Gemüse gemischt (g)	230	250	250	270	300	300
Distelöl (TL)	2 ½	3	3	3	3 ½	4
Lachsöl (TL)	1 ½	1 ½	2	2	2 ½	2 ½*

*Schweinsschnitzel, Lamm, Hühnerkeule ausgelöst

Tabelle 27: Variante mit fettreichem Fleisch für Hunde mit 5 bis 30 kg Gewicht

Gewicht Hund kg	5	10	15	20	25	30
Energiebedarf kcal	**410**	**690**	**540**	**1.170**	**1.380**	**1.580**
Eiweißbedarf g	**17**	**28**	**38**	**47**	**56**	**65**
Fleisch 20 % Fett (g)	100	170	230	280	320	350
Nudeln g (Rohgewicht)	30	55	70	95	130	180
Gemüse gemischt (g)	50	70	100	100	130	140
Pflanzenöl (TL)	½	½	1 ½	1 ½	2	3
Lachsöl (TL)	⅓	⅓	½	½	½	½

Tabelle 28: Variante mit fettreichem Fleisch für Hunde mit 35 bis 60 kg Gewicht

Gewicht Hund kg	35	40	45	50	55	60
Energiebedarf kcal	**1.770**	**1.960**	**2.150**	**2.320**	**2.490**	**1.540**
Eiweißbedarf g	**72**	**80**	**87**	**94**	**100**	**108**
Fleisch 20 % Fett (g)	380	420	450	470	500	530
Nudeln g (Rohgewicht)	170	190	205	230	250	270
Gemüse gemischt (g)	170	200	230	250	250	270
Pflanzenöl (TL)	3	2 ½	3	4	4	5
Lachsöl (TL)	½	½	⅔	⅔	1	1

REZEPT FÜR WELPEN, 3 MONATE, ENDGEWICHT 35 KG, DERZEITIGES IDEALGEWICHT 12 KG

Tagesbedarf: 1.390 kcal Energie, 100 g Protein
450 g Huhn Keulen oder Flügel, ausgelöst, oder mageres Faschiertes (10 % Fett)
120 g Reis, Nudeln, Getreideflocken (Rohgewicht)
2 EL Gemüse
3 TL Pflanzenöl
½ TL Lachsöl
(10 % = 160 kcal für Leckerli)

ODER
200 g Faschiertes fett oder Hochrippe (20 % Fett)
300 g Rinderherz
160 g Reis, Nudeln, Getreideflocken (Rohgewicht)
2 EL Gemüse
4 TL Pflanzenöl
½ TL Lachsöl
(10 % = 160 kcal für Leckerli)

REZEPT FÜR WELPEN, 6 MONATE, ENDGEWICHT 35 KG, DERZEITIGES IDEALGEWICHT 22 KG

Tagesbedarf: 1.650 kcal Energie, 120 g Protein
550 g Huhn Keulen oder Flügel, ausgelöst, oder mageres Faschiertes (10 % Fett)
140 g Reis, Nudeln, Getreideflocken (Rohgewicht)
100 g Gemüse
3 TL Pflanzenöl
½ TL Lachsöl
(10 % = 170 kcal für Leckerli)

ODER
250 g Faschiertes fett oder Hochrippe (20 % Fett)
350 g Rinderherz
160 g Reis, Nudeln, Getreideflocken (Rohgewicht)
100 g Gemüse
4 TL Pflanzenöl
½ TL Lachsöl
(10 % = 170 kcal für Leckerli)

KOMPLETTE MINERALFUTTERMITTEL FÜR HUNDE IM WACHSTUM

Beispiele, ohne Anspruch auf Vollständigkeit.

- Napfcheck Novomineral Junior
- Futtermedicus Vitamin Optimix Puppy & Junior

KOMPLETTE MINERALFUTTERMITTEL FÜR AUSGEWACHSENE HUNDE

Beispiele, ohne Anspruch auf Vollständigkeit.

Im Zoohandel:

- Bosch Vi-Min
- Happy Dog Multivitamin Mineral forte
- Premiere Raw Kitchen Vitamin- & Mineralstoffmix

Im Internet oder beim Tierarzt:

- Trovet Balance
- napfcheck-shop.at – Ihr Tierernährungsshop von Dr. Julia Fritz
  - Napfcheck Novomineral Adult oder Novomineral Cook it
  - Speziell für kleine Hunde: Novomineral Mini
  - Für Senioren: Novomineral Senior
  - Für pflanzliche Fütterung: Novomineral Veggie
  - Für Allergiker: Novomineral Sensitiv
  - Fürs Barfen:
    - Novomineral BARF Complete
    - Novomineral BARF Ergänzung
- Vitamin Optimix Futterzusätze (futtermedicus.at)
  - Futtermedicus Vitamin Optimix Cooking
  - Futtermedicus Vitamin Optimix Senior
  - Futtermedicus Vitamin Optimix Sensitiv
  - Futtermedicus Vitamin Optimix BARF
  - Futtermedicus Vitamin Optimix BARF plus Calcium
  - Futtermedicus Vitamin Optimix Veggie

TEIL VIII: ANHANG

ANHANG 1: HEIMTIERFUTTERHERSTELLUNG

Während früher der Markt für Heimtierfutter recht überschaubar war, ist heute eine wesentlich breitere Produktpalette gefragt. Dies hängt vor allem mit der veränderten Stellung von Heimtieren in der Gesellschaft und dem gesteigerten Bewusstsein der Tierhalterinnen und Tierhalter für die Ernährung ihrer Tiere zusammen. Wenn man ein Heimtierfuttermittel herstellen und vermarkten möchte, sieht man sich zunächst einer Vielzahl von rechtlichen Vorgaben gegenübergestellt, und oft ist es schwierig zu erkennen, wie sich die ersten Schritte gestalten. Um Ihnen den Start zu erleichtern, haben wir ein Informationsblatt mit Erklärungen, den wichtigsten Verordnungen und einer Checkliste für Sie zusammengestellt (siehe Seite 133).

Vor Produktionsbeginn der Heimtierfutterherstellung

Um ein Futtermittel für Heimtiere in Österreich vertreiben (in Verkehr bringen) zu können, bedarf es im ersten Schritt einer Meldung Ihrer Tätigkeit beim Bundesamt für Ernährungssicherheit (BAES). Futtermittelrechtlich handelt es sich dabei um

Bei der Herstellung und dem Vertrieb von Heimtierfutter gibt es aus futtermittelrechtlicher Sicht einiges zu beachten. © Debby Lowe/shutterstock.com

eine Registrierung gemäß Futtermittelhygieneverordnung. Wenn Sie in Ihren Produkten Fleisch oder tierische Nebenprodukte verwenden, so müssen Sie sich zusätzlich bei der für Sie zuständigen Veterinärbehörde (Amtstierarzt) melden. Während die Meldung beim BAES ein formaler Akt ist (Beschreibung Ihrer Tätigkeit in einem vorgefertigten Formular; danach erhalten Sie auf Grundlage Ihrer Angaben eine Gebührenvorschreibung und unterliegen der Kontrolle des BAES), inspiziert der Amtstierarzt vor Ort Ihre Betriebsstätte und erteilt bei Erfüllung der Anforderungen für tierische Nebenprodukte eine Betriebszulassung. Nach diesen formalrechtlichen Punkten steht der eigentlichen Produktion nichts mehr im Wege.

Als Futtermittelhersteller sind Sie allerdings dazu angehalten, sich bei der Produktion an den Grundsätzen des HACCP-Konzeptes (Hazard Analysis and Critical Control Points) zu orientieren. Dies erfordert, dass Sie sich im Vorfeld die einzelnen Produktionsschritte, die Ihr Produkt durchläuft, ansehen und überlegen, wo es zu möglichen Risiken für eine Kontamination (z. B. mit Salmonellen oder Chemikalien) kommen kann, wie Sie diese erkennen können und welche Maßnahmen Sie im Fall des Falles einleiten.

Laufende Kontrollen der Heimtierfutterherstellung

Sie sind gesetzlich verpflichtet, Eigenkontrollen der Produkte und Rohstoffe (Analysen auf unerwünschte Schadstoffe, wie z. B. Schwermetalle) regelmäßig durchzuführen. Die Analyseparameter hängen stark von der jeweiligen Matrix ab. Gerade Kauartikel (z. B. Schweineohren, getrocknete Fleischstücke) sind vermehrt mit Salmonellen oder Enterobakteriaceae kontaminiert, daher sind hier mikrobiologische Untersuchungen wichtig. Die Untersuchung zumindest dieser beiden Keimgruppen ist bei der Produktion von Produkten aus oder mit tierischen Nebenprodukten zwingend vorgeschrieben. Bei pflanzlichen Komponenten hingegen sind häufig Analysen auf Pestizide, Mykotoxine, Schwermetalle oder botanische Verunreinigungen relevant.

Beim fertigen Produkt ist auf eine ordnungsgemäße Kennzeichnung zu achten, denn auch hierfür gibt es klare Rechtsvorschriften und Kriterien, die erfüllt werden müssen.

Als Futtermittelhersteller unterliegen Sie regelmäßigen Kontrollen durch das Bundesamt und – sofern Fleisch und tierische Nebenprodukte verarbeitet werden – durch den Amtstierarzt. Daher sollten Sie im Kontrollfall die oben genannten Eigenkontrollen und eine korrekte Etikettierung vorweisen können, um Beanstandungen zu vermeiden.

Wer Futtermittel oder Snacks für Hunde herstellt und weiterverkauft, der muss sich an die gesetzlichen Vorgaben halten. © SatawatK/shutterstock.com

Wichtige Rechtstexte

(kein Anspruch auf Vollständigkeit!)

EU-weit gültige Rechtstexte:

- VO(EG) 178/2002 (Allgemeine Grundätze/ Anforderungen für Lebensmittel inkl. Futtermittel)
- VO(EG) 1069/2009 (Verordnung über tierische Nebenprodukte)
- VO(EU) 749/2011 (Hygienevorschriften für tierische Nebenprodukte)
- VO(EU) 68/2013 (Katalog der Einzelfuttermittel)
- RL 2002/32/EG (Unerwünschte Stoffe)
- VO(EG) 767/2009 (Kennzeichnung von Futtermitteln)
- VO (EU) 2020/354 (Diätfuttermittel)
- RL 82/475/EWG (Kategorie-Kennzeichnung für Heimtierfutter)
- VO(EG) 999/2001_(BSE/TSE)
- VO(EG) 396/2005 (Pestizide)
- VO(EG) 1831/2003 (Zusatzstoffe)
- VO(EG) 183/2005 (Futtermittelhygiene)

Hinzu kommen in Österreich:

- Futtermittelgesetz von 1999 in der jeweils gültigen Fassung
- Futtermittelverordnung 2010 in der jeweils gültigen Fassung

- Die oben angeführten EU-Rechtstexte können Sie, in der jeweils konsolidierten Form unter folgendem Link finden: http://eur-lex.europa.eu
- Die oben angeführten österreichischen Rechtstexte finden Sie unter folgendem Link: https://www.ris.bka.gv.at/Bundesrecht/
- Die Informationen und Datenblätter zur Meldung beim BAES finden Sie hier: https://www.baes.gv.at/futtermittel/zulassung-und-registrierung/

Ihre Ansprechpartner

Institut für Tierernährung und Futtermittel, Abteilung Futtermittel, Vermarktungsnormen und illegale Fischerei
E-Mail: futtermittel@ages.at
Telefon (Office): +43 (0)50555 3321

Checkliste zum Start der Herstellung von Heimtierfutter in Österreich

- Meldung bzw. Registrierung als Futtermittelunternehmen beim Bundesamt für Ernährungssicherheit (BAES) am:
- Meldung bei der zuständigen Veterinärbehörde (Magistrat oder Amtstierarzt der zuständigen BH, falls Sie Fleisch oder tierische Nebenprodukte einsetzen) am:
- Folgende Produktionsschritte/Stellen könnten in meinem Betrieb Eintrittsorte für Kontaminationen sein (Gefahrenanalyse als wesentlicher Teil der HACCP-Grundsätze):
- Folgende Schritte würde ich im Falle eine Kontamination einleiten:
- Welche Produkte verwende ich? Wo liegen die spezifischen Risiken und welche Eigenkontrollen könnten sinnvoll sein?
- Erfüllen meine Etiketten die gesetzlichen Vorschriften?

HINWEIS!

Informationen betreffend Deutschland und Schweiz finden Sie unter www.bmel.de bzw. www.vhn.ch

ANHANG 2: TÄGLICHER NÄHRSTOFFBEDARF VON ERWACHSENEN HUNDEN

Tabelle 29: Bedarfsnormen für erwachsene Hunde an Mineralstoffen

Nährstoff	Bedarf mg/kg ^{0,75}	Funktion	Folgen eines Mangels	Folgen einer Überversorgung
Kalzium	130	Stabilität von Skelett und Zähnen; Blutgerinnung, Muskelkontraktion	verringerte Knochendichte, Lahmheit, Schmerzen, Knochenbrüche, Krämpfe	Wachstumsstörungen bei Welpen
Phosphor	100	im Skelett zusammen mit Kalzium; Bestandteil von Erbinformation, Energiestoffwechsel u. v. a.	sehr selten – Wachstumsstörungen, Sehnenschwäche	falsches Ca:P-Verhältnis – Entwicklungsstörungen des Skeletts
Natrium	26	Wasserhaushalt, Säure-Basen-Gleichgewicht, neuromuskuläre Erregbarkeit	Kreislaufschwäche, Austrocknung	Durchfall, Erbrechen, Krämpfe; Hunde sind sehr tolerant, wenn Wasser zur Verfügung steht
Kalium	140	Regulierung des Zelldrucks, Blutdruck, Erregbarkeit von Zellmembranen	Schwäche, Blutdruckabfall, Verstopfung, veränderte Herzaktivität (Elektrokardiogramm, EKG)	unbedenklich, wenn Wasser zur Verfügung steht
Magnesium	20	Bestandteil zahlreicher Enzyme im Fett-, Eiweiß- und Kohlenhydratstoffwechsel	Schwäche, Bewegungsstörungen, Krämpfe	Durchfall, Neigung zu Harnsteinen

Tabelle 30: Bedarfsnormen für erwachsene Hunde an Spurenelementen

Nährstoff	Bedarf mg/kg ^{0,75}	Funktion	Folgen eines Mangels	Folgen einer Überversorgung
Eisen	1,0	Sauerstofftransport (Hämoglobin, Myoglobin)	Blutarmut (Anämie) mit Schwäche, Blässe	gereizte Magen-Darm-Schleimhaut, Durchfall, geringere Aufnahme anderer Nährstoffe (Mangan, Phosphor)
Kupfer	0,2	Bestandteil zahlreicher Enzyme, u. a. Pigmentbildung, Blutbildung, Bindegewebe	Grauwerden dunkler Haare, besonders um die Augen; Anämie	unbedenklich; Kupferspeicherung bei Lebererkrankungen
Zink	2,0	Bestandteil zahlreicher Enzyme, z. B. Bindegewebe, Fettstoffwechsel, Antikörperbildung	Fruchtbarkeitsstörungen, Veränderungen der Haut, Wundheilungsstörungen	unbedenklich
Mangan	0,16	Bestandteil zahlreicher Enzyme	nicht bekannt	unbedenklich
Jod	0,03	Schilddrüsenhormone	Vergrößerung der Schilddrüse (Kropf), Schilddrüsenunterfunktion	Störung der Schilddrüsenfunktion
Selen	0,012	Bestandteil der Glutathionperoxidase, die schädliche Radikale eliminiert	zusammen mit Vitamin-E-Mangel bei Welpen: Schwäche, Muskeldegeneration	bereits in geringer Überdosis giftig! Anämie, Leberschäden, Tod

Tabelle 31a: Bedarfsnormen für erwachsene Hunde an Vitaminen

Nährstoff (Einheit)	Bedarf /$kg^{0,75}$	Funktion	Folgen eines Mangels	Folgen einer Überversorgung
Vitamin A (IE)	164	Zellteilung, Knochenwachstum, Sehvorgang	Wachstumsstörungen, erhöhte Anfälligkeit für Infektionen und Parasiten, Augenveränderungen	Knochenabbau, Knochenbrüche, Hyperkaliämie
Vitamin D (IE)	18	fördert die Kalzium- und Phosphoraufnahme aus dem Darm, senkt Phosphorausscheidung in den Nieren	keine Bildung in der Haut unter UV-Licht! ungenügende Mineralisierung der Knochen (Rachitis)	blutiger Durchfall, Nierenschäden, Gefäßverkalkung
Vitamin E (mg)	1	Antioxidans; Synthese von langkettigen Fettsäuren, Vitamin C u. DNA	Wachstumsstörungen, zentralnervöse Störungen, Gelbfärbung des Körperfetts	Übelkeit, Blutungsneigung
Vitamin K	wird von Darmmikroben produziert	Blutgerinnung, Knochenwachstum	Blutungen (in der Praxis meist durch Rattengift)	nicht bekannt
Vitamin B1 [Thiamin] (mg)	74	zentrale Rolle im Energiestoffwechsel	Schwäche, zentralnervöse Erscheinungen, Lähmungen („Sterngucker-Krankheit“, Beriberi) Thiaminase in rohem Fisch	keine; wasserlösliche Vitamine werden ausgeschieden
Vitamin B2 [Riboflavin] (µg)	170	zentrale Rolle im Stoffwechsel (Atmungskette)	unter praktischen Verhältnissen nicht bekannt	keine: wasserlösliche Vitamine werden ausgeschieden
Vitamin B3 [Nikotinsäure] (µg)	570	wichtiger Baustein verschiedener Coenzyme im Stoffwechsel von Eiweißen, Fetten und Kohlenhydraten	entzündliche Veränderungen an Haut und Schleimhäuten (Pellagra)	keine; wasserlösliche Vitamine werden ausgeschieden

Tabelle 31b: Bedarfsnormen für erwachsene Hunde an Vitaminen

Nährstoff (Einheit)	Bedarf /kg^{0,75}	Funktion	Folgen eines Mangels	Folgen einer Überversorgung
Vitamin B5 [Pantothen-säure] (µg)	490	Bestandteil von Coenzym A - beteiligt am Auf- und Abbau von Kohlenhydraten, Fetten und an der Synthese von Cholesterin	nicht bekannt	Durchfall
Vitamin B6 [Pyridoxin] (µg)	50	zentrale Rolle im Eiweißstoff-wechsel	Risiko für Oxalatsteine	keine; wasserlösli-che Vitamine wer-den ausgeschieden
Vitamin B12 [Cobalamin] (µg)	1,2	Zellteilung, Blutbildung	gestörte Aufnahme bei chronischer Darmentzündung oder Bauchspei-cheldrüsenunter-funktion, Übelkeit, Durchfall, Anämie	keine; wasserlösli-che Vitamine wer-den ausgeschieden
Folsäure (µg)	8,9 (wird von Darmmikroben gebildet)	zentrale Rolle im Stoffwechsel	Anämie, Fehlbil-dungen bei Welpen	keine , wasserlös-liche Vitamine wer-den ausgeschieden
Biotin	von Darmmikroben gebildet	Bestandteil zahl-reicher Enzyme, u. a. für Haut & Haar	Avidin in rohen Eiern bindet Bio-tin – sonst selten trockene Haut, glanzloses Fell, Haarausfall	keine

ANHANG 3: NÄHRWERTE BELIEBTER ZUTATEN FÜR HUNDEFUTTER

Tabelle 32: Nährwerte ausgewählter Fleisch- und Fischsorten je 100 g

	Energie (kcal)	Feuchte (g)	Protein (g)	Fett (g)	Kalzium (mg)	Phosphor (mg)
Rindfleisch mager	130	73	20	5	5	170
Rindfleisch fett	260	60	17	22	5	160
Kalbfleisch mager	106	76	20	3	13	200
Hühnerbrust	115	74	22	1	14	165
Hühnerkeule	180	70	20	10	12	180
Schweinefleisch mager	106	76	22	2	10	140
Schweinefleisch fett	330	65	15	30	10	130
Lachs	202	66	20	14	16	240
Forelle	103	76	20	4	12	245
Thunfisch in Öl	280	53	22	21	30	200

Tabelle 33: Nährwerte ausgewählter Ei-, Soja- und Milchprodukte je 100 g

	Energie (kcal)	Feuchte (g)	Protein (g)	Fett (g)	Kalzium (mg)	Phosphor (mg)
Hühnerei ganz, ohne Schale	154	75	13	11	51	210
Eidotter	353	50	16	32	140	590
Eiklar	48	87	11	0	11	21
Sojagranulat	300	8	50	2	200	550
Joghurt 3,5 % Fett	68	87	4	4	120	92
Hüttenkäse 20 % Fett	102	79	13	4	70	190
Topfen mager	73	81	13	0,5	92	160
Schlagobers	345	62	2	36	80	63
Gouda	338	46	25	26	820	443
Quargel, Harzer	123	64	30	0,3	125	266

Tabelle 34: Nährwerte ausgewählter Kohlenhydratquellen je 100 g

	Energie (kcal)	Feuchte (g)	Protein (g)	Fett (g)	Kalzium (mg)	Phosphor (mg)
Reis, roh	343	13	7	1	6	110
Naturreis, roh	345	13	8	2	16	282
Nudeln, roh	354	10	12	2	25	190
Haferflocken	348	10	14	7	40	400
Kartoffeln	77	78	2	0	6	50
Süßkartoffeln	109	69	2	1	22	39
Hirsepops	350	12	11	4	10	275

Tabelle 35: Nährwerte ausgewählter Gemüse- und Obstsorten je 100 g

	Energie (kcal)	Feuchte (g)	Protein (g)	Fett (g)	Kalzium (mg)	Phosphor (mg)
Karotten	30	87	1	0,2	35	36
Erbsen	22	84	4	0	20	118
Erbsen getrocknet	286	11	23	1	50	348
Gurken	12	96	0,6	0,2	16	15
Zucchini	21	94	2	2,5	25	29
Kürbis	25	91	1,1	0,1	22	44
Paprika	8	94	1,1	0,2	10	21
Pastinaken	79	78	1,3	0,4	47	82
Gemüse, Durchschnitt	27	90	1,8	0,3	48	45
Äpfel	54	84	0,3	0,2	9	10
Äpfel getrocknet	248	26	1,4	1,6	30	40
Banane	95	74	1,2	0,2	6,5	22
Wassermelone	37	90	0,6	0,2	7	9
Obst, Durchschnitt	51,8	84,4	0,8	0,3	16,4	20,7

Tabelle 36: Nährwerte ausgewählter Kalziumquellen und Innereien je 100 g

	Energie (kcal)	Feuchte (g)	Protein (g)	Fett (g)	Kalzium (mg)	Phosphor (mg)
Rinderpansen grün	125	80	20	5	120	130
Rinderpansen geputzt	95	80	15	4	15	80
Rinderherz	120	76	17	5	5	190
Beinscheibe Rind	120	58	21	4	4.840	2.500
Knorpel Rind	400	7	80	9	17	3
Rind Euter	129	76	13	9	115	160
Hühnerhälse	130	70	17	7	1.726	1.099
Hühnerflügel	172	65	16	12	1.490	823
Hühnerkeule mit Knochen	170	68	10	11	750	490
Hühnerkarkasse	130	73	15	8	900	600
Hühnerleber	135	70	22	5	18	240
Hühnermägen	90	77	18	2	15	134
Kalbsknochen	280	20	23	21	13.800	6.200
Kalbsbrustbein	113	45	17	5	2.900	1.380
Lammrippen	196	35	22	12	10.990	5.400
Schweineleber	140	71	20	6	10	360
Eierschale	0	5	0	0	37.000	150
Kohlensaurer Futterkalk ($CaCO_3$)	0	5	0	0	36.000	0
Dicalcium-phosphat	0	5	0	0	21.000	16.000
Knochenmehl	45	5	5	2,5	32.500	17.000
Fleisch-knochenmehl	220	8	40	0	19.000	10.250

ANHANG 4: WEITERFÜHRENDE LITERATUR

Zentek, J: Ernährung des Hundes. Grundlagen – Fütterung – Diätetik. 9. Auflage 2022. Enke Verlag, Stuttgart.

Zentek, J: Hunde richtig füttern. 3. Auflage 2012, Ulmer Verlag, Stuttgart.

Fritz, J: Hunde Barfen. Alles über Rohfütterung. 2. Auflage 2018, Ulmer Verlag, Stuttgart.

Bogitzky, A: Futtermittelallergien beim Hund. 2020, Kynos Verlag, Nerdlen/Daun

ANHANG 5: PROFESSIONELLE ERNÄHRUNGSBERATUNG

Hier finden Sie professionelle Ernährungsberatung durch Fachtierärzte. Ohne Anspruch auf Vollständigkeit.

In Österreich:
Die Autorin:
Futterambulanz Dr. Stefanie Handl

Reisnerstraße 7/4
A-1030 Wien
Tel: +43 1 9554412
E-Mail: anfrage@futterambulanz.at
Web: www.futterambulanz.at

In Deutschland:
Napfcheck – Dr. Julia Fritz

Poststr. 6
D-82152 Planegg
Tel.: + 49 89 856426-00
E-Mail: info@napfcheck.de
Web: www.napfcheck.de

Futtermedicus – Dr. Natalie Dillitzer

Dachauer Str. 47
D-82256 Fürstenfeldbruck
Tel.: + 49 8141 888 930
E-Mail: via Kontaktformular auf der Website
Web: www.futtermedicus.de

Praxis für tierärztliche Ernährungsberatung
Dr. Anne Mößeler (auch für Pferde)

Alfred Oehme Str. 16
D-31303 Burgdorf
Tel.: + 49 177 63 15 19 4
E-Mail: praxis@moesseler.de
Web: www.praxis-moesseler.de

Tierärztliche Ernährungsberatung
Dr. Susan Kröger

Königin-Luise Str 49
D-14195 Berlin
Tel.: + 49 30 93 91 04 94
E-Mail: info@tierernaehrung-kroeger.de
Web: www.tierernaehrung-kroeger.de

In der Schweiz:
Institut für Tierernährung und Diätetik der Universität Zürich – Ernährungsberatungsfachstelle
Affolternstrasse 56, CH-8050 Zürich
Telefonische Sprechstunde: Dienstag von 15:00 – 16:00 Uhr und Donnerstag von 10:00 – 11:00 Uhr, Tel.: + 44 635 88 38
E-Mail:
ernaehrungsberatung@nutrivet.uzh.ch
Web: https://www.tierer.uzh.ch/de/services/ernaehrungsberatung.html

ANHANG 6: ABKÜRZUNGSVERZEICHNIS

AGES Agentur für Gesundheit und Ernährungssicherheit
AK Aujeszkysche Krankheit
BARF Bones and Raw Food, Biologisch-artgerechte Rohfütterung
BCS Body Condition Score
BEAS Bundesamt für Ernährungssicherheit
BSE Bovine Spongiform Enzephalopathie
cal Kalorien
DHA Decosahexaensäure
DNA Desoxyribonukleinsäure
ECVCN European College of Veterinary and Comparative Nutrition
EG Europäische Gemeinschaft
EL Esslöffel
EU Europäische Union
EPA Eicosapentaensäure
EWR Europäischer Wirtschaftsraum
HACCP Hazard Analysis and Critical Control Points
HD Hüftgelenksdysplasie
IBD Inflammatory Bowel Disease, chronische Darmentzündung
IE International Einheit
J Joule
kcal Kilokalorien
kJ Kilojoule
KM Körpermasse
MJ Megajoule
min Minute
PUFA engl: polyunsaturated fatty acids, deutsch: mehrfach ungesättigte Fettsäuren
RL Richtlinie
TL Teelöffel
TS Trockensubstanz
TSE Transmissible spongiforme Enzephalopathie
VO Verordnung

ANHANG 7: STICHWORTVERZEICHNIS

DIE AUTOREN

© privat

Dr. Stefanie Handl, Fachtierärztin für Ernährung und Diätetik und Diplomate (ECVCN – European College of Veterinary and Comparative Nutrition), ist über ihre Doktorarbeit zur Tierernährung gekommen und war insgesamt zehn Jahre an der Veterinärmedizinischen Universität Wien tätig. Seit 2013 ist sie als Tierärztin mit der Futterambulanz selbstständig. Nebenbei gibt sie Fortbildungen, unterrichtet an der Vetmeduni und ist Chefredakteurin einer wissenschaftlichen Zeitschrift.

© privat

Univ.-Doz. Dr. Armin Deutz ist Veterinärmediziner mit Spezialisierung auf Zoonosen und Tierseuchen, Fachtierarzt für Wild- und Zootiere, allgemein beeideter und gerichtlich zertifizierter Sachverständiger (u. a. für Fütterung) und ist als Amtstierarzt im Bezirk Murau tätig. Der Autor vieler erfolgreicher Bücher (z. B. „Wildkrankheiten, Hundekrankheiten, Zoonosen", „Fütterung von Reh- und Rotwild", „Rotwildregulierung – aber wie?", „Gams-, Stein- und Muffelwild: Biologie, Lebensweise, Besonderheiten", „Schafhaltung heute: Rassen, Zucht, Vermarktung", „Die häufigsten Nutztierkrankheiten: Vorbeugen, Erkennen, Heilen") schreibt auch für einige Jagdzeitschriften und ist Jäger.